西北地区荒漠草原绒山羊
高效生态养殖模式

◎ 赵存发　殷国梅　著

中国农业科学技术出版社

图书在版编目（CIP）数据

西北地区荒漠草原绒山羊高效生态养殖模式 / 赵存发，殷国梅著 . —北京：中国农业科学技术出版社，2018.12

ISBN 978-7-5116-3429-0

Ⅰ.①西… Ⅱ.①赵… ②殷… Ⅲ.①山羊—生态养殖—西北地区Ⅳ.①S827

中国版本图书馆 CIP 数据核字（2017）第 320977 号

责任编辑	闫庆建 　陶　莲
责任校对	李向荣
出 版 者	中国农业科学技术出版社
	北京市中关村南大街12号　　邮编：100081
电　　话	（010）82109705（编辑室）　（010）82109704（发行部）
	（010）82109709（读者服务部）
传　　真	（010）82106625
网　　址	http://www.castp.cn
经 销 者	各地新华书店
印 刷 者	北京建宏印刷有限公司
开　　本	787mm×1 092mm　1/16
印　　张	14
字　　数	290千字
版　　次	2018年12月第1版　 2018年12月第1次印刷
定　　价	98.00元

序

中国是绒山羊养殖大国，绒山羊数量和羊绒产量均居世界首位。改革开放40年来，我国绒山羊产业发展迅速，取得了显著成就，已成为世界羊绒制品加工中心。目前，全世界羊绒贸易量的80%出自我国，基本形成了"世界羊绒看中国"的局面，是质量兴牧、绿色兴牧、品牌强牧的生动实践。

我国的绒山羊主要分布在东北、西北及青藏高原的干旱、半干旱地区和荒漠、半荒漠地区，不仅数量多，而且适应性强、生产性能优异，所产的羊绒细度好、弹性大，具有得天独厚的资源优势。改进绒山羊养殖方式，发展现代草原畜牧业，有利于科学利用草场资源，高效转化农副产品，实现规模养殖与生态养殖有机融合，对于改善生态脆弱地区环境，振兴牧区经济，帮助农牧民脱贫致富，具有十分重要的意义。

内蒙古自治区（全书简称内蒙古）农牧（业）科学院原院长赵存发同志带领科研团队，深入生产一线，潜心研究，完成了国家公益性行业（农业）科研专项——西北地区荒漠草原绒山羊高效生态养殖技术研究与示范。该项目历时5年，实施范围涵盖了内蒙古、陕西、甘肃、新疆维吾尔自治区（全书简称新疆）4个绒山羊主产省区。项目以实现生态、生产、生活协调发展为目标，坚持提质、增产、增效并重，注重良种、良法配套，探索建立了一套生态保护与产业发展有机结合、生态效益和经济效益双赢的绒山羊高效养殖模式。

《西北地区荒漠草原绒山羊高效生态养殖模式》一书对项目研究成果进行了系统的概括和总结。根据不同地域、不同养殖条件，本书凝练了绒山羊高效生态养殖的9种模式，推介了27个典型范例。这9种模式具有较好的代表性，既有集约化程度高的农牧业龙头企业模式，也有小规模大群体的养殖基地模式；既有农牧民专业合作社模式，也有普通农牧户和家庭农牧场模式。从实践来看，这些模式简便实用，易于农牧民掌握，十分接地气。

从书中的典型范例可以看出，通过应用这9种模式，能够把科技与产业发展紧密结合起来，较好地解决了制约绒山羊养殖面临的瓶颈问题，经济效益、社会效益和生态效益显著。在本书出版之际，我得以先睹为快，我要感谢赵存发科研团队卓有成效的工作。我相信，推广这些高效生态养殖技术及模式，不仅会对西北地区绒山羊生产发展、产业扶贫、农牧民脱贫增收发挥重要作用，而且对促进全国绒山羊产业高质量发展也具有借鉴和指导意义。

农业农村部副部长

2018年8月22日

2013年项目启动会嘉宾

2013年项目启动会参加人员合影

原农业部副部长于康震考察内蒙古杭锦旗项目区秦色登家庭牧场

原农业部副部长于康震考察内蒙古杭锦旗项目区万全杭白山羊种羊场

蒙古国议会奥云浩日勒议员一行考察鄂尔多斯市伊金霍洛旗绒山羊养殖园区

蒙古国科学院院士巴克、草业协会会长道日教授考察鄂尔多斯市杭锦旗绒山羊养殖园区

原农业部畜牧兽医总站站长李希文和内蒙古自治区农牧业厅原厅长郭建参观内蒙古
鄂托克前旗三段地光控增绒养殖园区

内蒙古自治区农牧业科学院院党委书记翟琇参加绒山羊行业专项阿拉善区现场会

内蒙古自治区科技厅副厅长云涛参加项目2017年现场观摩会

2017年项目年终总结会人员在新疆阿克苏种羊场合影留念

2016年项目组人员参观绒山羊养殖阿拉善右旗现场会

2016年项目组人员参观绒山羊养殖阿拉善右旗现场合影

项目课题主持人在新疆进行绒山羊养殖技术指导

项目组人员参观绒山羊养殖鄂尔多斯现场会

课题主持人进行项目汇报

课题主持人在陕西项目区进行绒山羊现场指导

项目组人员参观绒山羊养殖阿拉善项目养殖情况

项目参加人员演示羊绒快速测定仪

阿拉善农牧局负责人介绍当地阿拉善绒山羊养殖情况

陕西榆林项目示范户牌匾发放

课题组成员同首席专家在羊圈内现场讨论羊绒相关数据

课题主持人在对裹包青贮进行品质鉴定

项目组成员参观新疆绒山羊养殖

首席专家同项目组成员冬季调研绒山羊生产情况

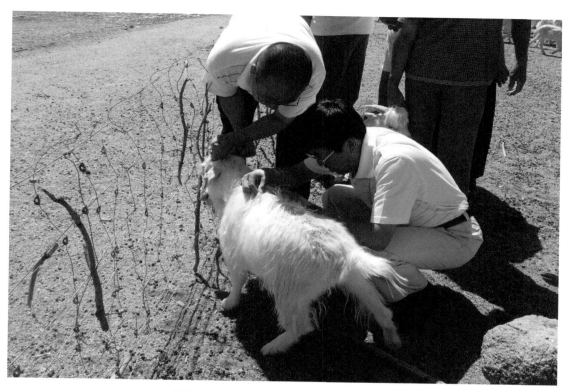

课题主持人在对绒山羊长绒情况进行观察

项目组成员在新疆阿克苏查看放牧绒山羊羊绒生长情况

项目组成员在陕西榆林靖边县安心养殖场调研绒山羊养殖情况项目

陕西榆林项目示范户发放牌匾

课题主持人在内蒙古伊金霍洛旗旗调研敏盖绒山羊饲养情况

课题主持人在内蒙古阿拉善查看绒山羊长绒情况

课题主持人在内蒙古鄂托克旗种羊场查看绒山羊生产性能

专家们在甘肃河西走廊平山湖异地养殖园区参观绒山羊养殖情况

专家们在甘肃河西走廊平山湖荒漠草原区了解项目执行情况

课题主持人在光控增绒棚讲解绒山羊防疫相关知识

项目组成员在阿拉善采样测定羊绒指标

项目组成员在内蒙古杭锦旗调研草地利用及绒山羊养殖情况

项目组成员在内蒙古蒙绒羊绒分梳厂查看梳绒情况

内蒙古自治区全区种羊选美大赛现场（伊金霍洛旗苏布尔嘎镇养殖园区）

新疆畜牧科学院推广羊穿衣技术

新疆畜牧科学院生产的绒山羊羊衣

课题主持人了解内蒙古鄂托克旗绒山羊生产情况

课题主持人介绍鄂托克前旗白绒山羊养殖及增绒技术

鄂托克前旗三段地白绒山羊养殖现场

内蒙鄂托克前旗测试长年长绒的山羊绒细度培训现场

鄂托克前旗三段地白绒山羊养殖区自动取料上料机

鄂托克前旗白绒山羊养殖及增绒技术培训会

意大利绒山羊专家在鄂托克前旗查看当地绒山羊产绒质量

项目组成员在山绒拍卖现场

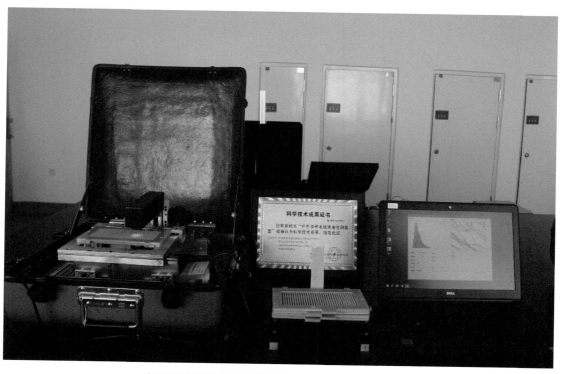

新疆畜牧科学院研制的户外多种毛绒快速检测装置

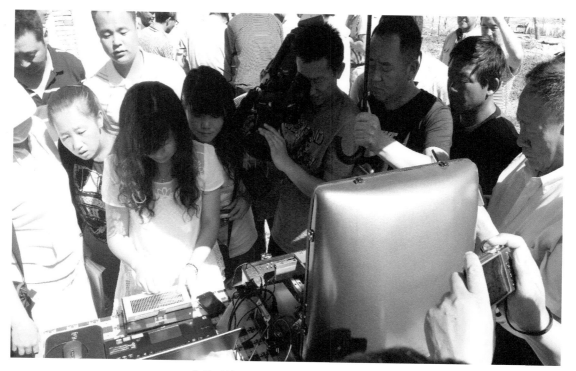

户外毛绒现场快速检测设备推广示范

项目组成员在陕西榆林靖边县贺真堂家庭牧场调研绒山羊养殖情况

项目组成员在陕西榆林市调研绒山羊养殖情况

课题主持人在呼和浩特市土左旗发放绒山羊种公羊

首席专家在陕西榆林靖边县安心养殖场调研绒山羊养殖情况项目

陕西省榆林市靖边县耀宏养殖合作社及台账明细

陕西省榆林市靖边县耀宏养殖合作社饲草料库及裹包青贮

项目结合产业扶贫进行种羊发放

内蒙古杭锦旗万全种羊场绒山羊羔羊养殖情况

内蒙古杭锦旗万全种羊场苜蓿种植基地

内蒙古杭锦旗万全种羊场暖季放牧草场

内蒙古杭锦旗万全种羊场胚胎移植绒山羊种群

内蒙古阿拉善绒山羊饲养情况

阿拉善右旗放牧绒山羊及草场

鄂托克旗种羊场放牧绒山羊

甘肃河西走廊平山湖荒漠草原区植被生长状况

内蒙古杭锦旗万全种羊场鸟瞰图

内蒙古杭锦旗万全种羊场玉米种植基地

新疆阿克苏地区放牧绒山羊

目　录

内蒙古鄂尔多斯市伊金霍洛旗"敏盖"白绒山羊——全舍饲高效生态养殖模式

一、社会经济及自然概况

"敏盖"白绒山羊主产区位于内蒙古自治区鄂尔多斯市伊金霍洛旗苏布尔嘎镇（图1-0-1）。位于东经108°58′至110°25′，北纬38°56′至39°49′之间，属温带大陆性气候，干旱、风大、少雨、寒冷、温热、温差大，是温带干旱草原向荒漠草原的过渡地带。全旗年降水量340～420mm，由东南向西北逐渐递减；无霜期限130～140d，常年风大沙多，蒸发旺盛，全年蒸发量2 163mm，是降水量的七倍。伊金霍洛

图1-0-1 绒山羊知名商标

族地处呼和浩特、包头、鄂尔多斯"金三角"腹地，位于鄂尔多斯高原东南部，毛乌素沙地东北边缘，东与准格尔旗相邻，西与乌审旗接壤，南与陕西省榆林市神木县交界，北与鄂尔多斯市府所在地康巴什新区隔河相连。"苏布尔嘎"镇为伊金霍洛旗所辖苏木，位于旗境西北部，辖10个嘎查、村委会，距旗府45km，面积435.3km²，人口0.6万，农业主产玉米、糜谷、葵花籽，牧业以养羊为主。

二、绒山羊资源保护与发展现状

"敏盖"白绒山羊（图1-0-2）经过30多年的精心培育，形成了个体大、产绒量高、绒质优良、适应性强、遗传稳定的优秀绒山羊种群。以"两高一优"即产绒量高、

繁殖率高、肉质优而驰名，其羊绒是"温暖全世界"的鄂尔多斯羊绒衫的首选原料，并定为"1436"羊绒种源基地。在全舍饲管理条件下，成年种公羊个体产绒量可达1 400g以上，最高个体产绒量2 650g，体重均达到55kg以上，绒长9～10cm，绒细度为13～16.5μm。成年种母羊产绒量可达1 200g以上，最高个体产绒量1 650g，体重达到45kg以上，产羔率为180%，年繁殖率240%～320%（两年三胎，一年两胎），羔羊成活率在98%以上。

"敏盖"白绒山羊养殖业是苏布尔嘎镇农牧业主导产业，按照全市"三区"规划，苏布尔嘎镇位于禁止发展区和限制发展区，结合当地实际情况，严格实行禁牧政策，提出绒山羊全舍饲圈养管理，以养殖园区建设为载体，发展高效生态畜牧业。目前，全镇实施标准化养殖园区建设，以国家项目资金和政府投资、农牧民自筹的方式，已建成大型绒山羊标准化养殖园区6个，注册成立"敏盖"内蒙古白绒山羊生产者协会及绒山羊合作社6个，白绒山羊养殖户1 680户，共计培育高标准养殖户260户。六大养殖园区

图1-0-2 "敏盖"白绒山羊

户均基础母畜达到40只以上，饲养总量达到了1.1万只，全镇舍饲"敏盖"白绒山羊养殖总量达8.5万只，其中可繁殖基础母畜达到4万只，特一级羊占45%。每年可向社会提供商品羊2.5万只，其中特级公羊3 000只，特级母羊5 000只。优质绒山羊向山西、陕西、青海、甘肃、辽宁、宁夏回族自治区（以下简称宁夏）、新疆维吾尔自治区及内蒙古自治区各盟市旗区辐射，累计输出8万余只。

三、饲草料供给及生态保护现状

伊金霍洛旗属半干旱温带干草原，是温带干旱草原向荒漠草原的过渡地带，植被类型多样，沙生植被、草甸植被等隐域性植被为植被的主体，显域性植被仅在少部分封禁地区得以保存。西部毛乌素沙地梁滩相间区，以草甸干草原、沙生植被为主，东部黄土沟谷区以灌木植被为主，地带性植被由于长期受自然和人为因素影响，保存极少，而逐渐被隐域性的沙生植被、灌丛植被、盐生植被取代。

伊金霍洛旗天然草地植被以多年生草本占绝对优势，其次是一二年生草本，半灌木和小灌木分布较广，灌木和乔木的种类不多。沙生植被作为本区植被的主体，由于利用的不合理，表现出不同程度的退化，固定、半固定沙丘上广布着油蒿群落，占草场总面积的51.3%，半流动沙地常见沙米、虫实、沙竹。2001—2012年通过国家飞播、退牧还草、牧草良种补贴等项目实施，使植物群落平均盖度提高了30%以上，最高达到了89%，地上生物量平均提高了10%～20%。优势草种由项目实施前油蒿、沙米、沙竹、

牛心卜子，转变为杨柴、大白柠条、紫花苜蓿、草木樨、沙打旺等优良牧草，草原退化趋势得到了明显的遏制，草原植被开始恢复，草原生物多样性好转，有力促进草原畜牧业的可持续发展。

此外，全旗共有农耕地50万亩，其中水浇地34万亩，牲畜总头数135万头只。截止目前，伊金霍洛旗人工种草保存面积105万亩，天然草牧场面积490万亩，植被覆盖率86%。目前，苏布尔嘎镇累计完成水地种植优质牧草5万亩，旱作种草15万亩，玉米6.5万亩，青贮玉米1.5万亩，解决了舍饲圈养饲草料短缺问题，从根本上解决了因饲草料短缺造成偷牧的现象，生态环境得到了明显改善（图1-0-3，图1-0-4）。

图1-0-3 飞播前沙化草地景观　　　　　图1-0-4 飞播后生态景观

四、绒山羊高效生态养殖模式

依托国家项目资金扶持、政府投资和农牧民自筹的方式，伊金霍洛旗对绒山羊养殖实施标准化养殖园区建设，通过项目带动、政策支持等方式促进土地和草牧场向种养殖大户流转。通过培育专业大户、农牧民合作社、农牧业企业等新型农业经营主体，发展多种形式适度规模经营，通过合作组织牵头、组织实施各类项目，实现统一销售、防疫、调购，既节约了成本，又降低了风险。经过多年的发展，该区域形成了全舍饲条件下的养殖园区建设+饲草料基地+科学养殖技术+品牌化发展建设的"敏盖"高效生态养殖模式，集成了"饲草料种植—饲料科学配方—饲料加工成粒—自动化饲喂—科学繁育—育肥出栏—粪便还田"的绒肉型绒山羊高效、生态、可持续生产发展模式。

"敏盖"白绒山羊养殖业作为伊金霍洛旗的农牧业主导产业，通过提升科学养殖技术含量，从科学繁育到规范管理，确保高效有序的生产发展。通过推进农业供给侧结构性改革，加强饲草料基地建设力度，大力普及喷灌、滴灌等节水灌溉技术，优化饲草料，添加中草药，提高绒山羊免疫力，增加羊肉品质。同时，通过园区的辐射带动，农户按方种植、配方饲喂率在全镇的覆盖率均达到78%；分群管理、秸秆综合利用普及率也分别达到了90%和95%以上。同时该区域还实行了全程自动化饲喂，节约了劳动力，提高了生产效率。饲料、良种、饲养方式、管理措施、免疫、消毒等都是不可缺少的要素，利用标准化饲养、规范化管理技术，实施科学配料、适当运动、定期驱虫、统一免

疫、统一消毒、保健饲草及微量元素的添加"六项"措施，重视地区性的季节性易发传染病和内外寄生虫病的防治，保持羊群常年的卫生安全健康水平，是获得绒山羊产业优质高产高效的重要保证。

五、产业发展趋势或现状

结合各项惠农政策，我镇提出"敏盖"白绒山羊高效生态养殖的发展工作思路。即：紧扣四个环节走（布局紧扣园区走，品种紧扣品牌走，生产紧扣配方走，上市紧扣协会走），集中解决制约舍饲白绒山羊模式化、标准化生产的十大瓶颈问题暨统筹解决标准化园区建设、劣质种畜淘汰、良繁体系建设、疫病防治体系建设、牲畜档案体系建设、按方种植、配方饲喂、分群管理、秸秆综合利用和健全合作组织。通过公司+农户、养殖大户及农村牧区社会化服务中心等载体进行绒山羊高效养殖的示范与带头作用，有效解决草原生态环境与载畜量平衡的矛盾，实现了农牧业增效、农村牧区增绿和农牧民增收的现代农牧业发展目标。

为了发展"敏盖"绒山羊产业，该镇招商引资，引进了河北省清河县金盾绒毛制品有限公司与我镇企业合资注册成立了鄂尔多斯市文兵绒毛制品有限责任公司，引进20多台输绒设备，与2017年6月开始生产，截止目前，已经生产无毛绒55万吨。依托引进企业开发包装绒、肉产品，争创特色农畜产品优势区。扶持强农农牧业公司开发"敏盖"牌羊肉产品产业链，提高白绒山羊产品的附加值，实现绒、肉的双向增收。借助"敏盖"品牌效应，打造集养殖、屠宰、加工为一体的龙头企业，带动周边农牧民增收致富。在发展过程中，该镇坚持品牌发展战略，不断提升"敏盖"白绒山羊的知名度。"敏盖"商标现已认定为鄂尔多斯市知名商标，下一步，将继续申报国家驰名商标和地理标志认证。

范例一　农村牧区社会化服务实验室
——"敏盖"白绒山羊研究中心

一、社会化服务中心功能与特点

"敏盖"白绒山羊研究中心位于苏布尔嘎镇，现有工作人员4名，主要负责"敏盖"白绒山羊同期发情、人工授精、B超妊娠检查、胚胎移植、冻精生产、敏盖高繁高产型新品种培育、饲养管理技术培训等工作。中心以公益性社会化服务为宗旨，以"全力培育地方良种，为地方经济发展服务"为目标，通过争取国家和地方农牧业科技项目资金，免费上门为育种户提供技术指导，解决了技术服务最后1公里的问题，为禁牧舍饲后以质量求效益、保民生、保生态提供了有力的保障。

二、绒山羊高效生态养殖重点推广的关键技术

社会化服务中心以公益性社会化服务为宗旨，以当地养殖技术需求为目标，主要进行"敏盖"白绒山羊同期发情、人工授精、B超妊娠检查、胚胎移植、冷冻精液制作、敏盖高繁高产型新品种培育、饲养管理技术的培训与指导等工作。

（一）绒山羊同期发情、人工授精、B超妊娠检查、胚胎移植技术

1.同期发情

清洁绒山羊母羊外阴，碘酒消毒，将CIDR置于阴道内，约放置14d后肌肉注射250~300IU PMSG，第16d肌注PG同时取出CIDR，撤栓后清洗阴道，每隔12h用试情公羊试情一次。发情后8~12h配种或人工输精。

2.人工输精

利用假阴道采集的精液，倒入无菌棕色接精杯中，取一滴于载玻片上观察精液活力及计数，取精子活力在70%以上的精液进行稀释，稀释后精子数量为1×10^7个/mL，利用输精器取0.2mL注入到发情牧羊宫颈口。

3.B超妊娠检查

配种45d后仍未发情的母羊鼠蹊部备皮，涂抹螯合剂，利用超声探头寻找孕囊检测怀孕情况。

4.胚胎移植

将从供体母羊输卵管内冲出的胚胎装管备用，同时将同期发情的受体母羊贴近子宫角腹壁备皮，消毒，开1~2cm的小孔供腹腔镜进出，利用腹腔镜钳固定有红体侧子宫角，将装管的胚胎顺子宫角注入后，缝合腹壁。

（二）高繁高产型新品种培育技术

严格按照"高繁高产型"绒山羊地方标准，通过敏盖白绒山羊种羊场+联合育种户的方式进行育种核心群组建、种羊等级鉴定、选种选配、系谱档案建立最终形成敏盖白绒山羊产品质量追溯平台。

（三）饲养管理技术

1.选择优良品种

"敏盖"白绒山羊平均产绒在1kg以上，种公羊产绒在1.25kg以上。效益好不好，

关键看品种。不好的种公羊就要淘汰，用好的或人工配种进行品种改良。体形外貌特征不符合"高繁高产型"地方标准的，实行育肥淘汰，选择优秀的种公母羊，通过人工授精或本交方式进行改良。

2. 种植优质饲草

按照绒山羊的营养需要，种植饲料玉米、青贮玉米、紫花苜蓿、沙打旺、羊柴、草木樨等豆科牧草。主要靠水地为养而种进行舍饲养羊，每只羊种植饲料玉米0.11亩（15亩=1公顷，1亩≈667m²，全书同），青贮玉米0.05亩，灌溉苜蓿0.06亩，这样一亩灌溉地可养4.5只羊。如灌溉地少，每只羊种0.11亩玉米，0.05亩青贮玉米，下湿地苜蓿0.25亩或旱地优质牧草2亩，所需要的营养草料基本上就够了。为养而种既降低了成本，还能达到营养平衡。要舍得拿出最好的地种植这些饲草饲料。以养殖220只羊为例，在水浇地上种植15亩苜蓿，10亩青贮玉米、35亩饲料玉米，在旱地上，种植200亩沙打旺、100亩草木樨，饲草问题就完全解决了。

3. 科学饲养

所有饲草，全部加工成草粉喂。

不同类型的羊，按不同的配方搭配饲料。苜蓿、沙打旺这一类草充足，搭配的是一种饲料配方，苜蓿、沙打旺这一类草不充足，搭配的是又一种饲料配方。例如：沙打旺、苜蓿草充足，饲喂配方如下：配种以前的母羊，连草带料一天给一只羊喂0.95kg。其中玉米秸秆草粉大约0.75kg，玉米0.015kg，麸皮大约0.02kg，豆子0.05kg，胡麻饼0.05kg，葵饼0.02kg，再加适量石粉、食盐和微量元素就行了；怀羔母山羊，连草带料按一天给一只羊1kg稍多一点喂的。其中玉米秸秆草粉大约0.75kg，玉米0.4kg，麸皮0.3kg，豆子0.1kg，胡麻饼0.1kg，葵饼0.3kg，再加点儿石粉、食盐和微量元素就行了；奶羔母羊，按一天给一只羊1.2kg喂的。其中玉米秸秆草粉0.75kg，玉米接近0.05kg，麸皮0.025kg，豆子0.17kg，胡麻饼0.17kg，葵饼0.01kg，再加适量骨粉、食盐和微量元素；5～18个月的育成羊，是按一天给一只羊0.75kg喂的。其中，玉米秸秆草粉0.5kg，玉米0.025kg，麸皮0.025kg、豆子0.05kg、胡麻饼0.1kg、葵饼0.045kg，再加适量骨粉、食盐和微量元素。

4. 做好疫病防治

充分认识预防疫病是发展养殖业的重要保障。五号病，羊三联，羊痘疫苗必须要打，预防为主，等发生再打就晚了。五号病，只能防不能治，有了五号病，只能是全部扑杀。结合当地疫情和生产实际情况制定免疫程序和驱虫计划，使羊主要疫病免疫率、驱虫均达到100%。园区每年花上200～300百元搞防疫，可以说是花小钱，保大钱，少死就是赚钱，防疫就是增收。定期给棚圈消毒，保持干净、减少病菌污染与感染。

5. 建好两棚两窖

羊圈是半棚式塑料暖棚和栅栏式运动场，棚圈按一只羊1m²，运动场一只羊5m²建设。棚圈要分奶羔哺乳、母羊舍、羔羊舍、基础母羊舍、种公羊舍和育肥舍，还要建好贮草棚和青贮窖。

三、基础设施及配套建设

"敏盖"白绒山羊研究中心成立于2009年，占地面积80m²，拥有绒毛细度长度检测室、实验室、胚胎移植室、中心配种室，配备绒毛细度长度快速检测仪、电刺激采精器、兽用B超、腹腔镜、细管冷冻精液制作仪等先进实验设备。自研究中心成立以来，中心与内蒙古农牧科学院、内蒙古农业大学、北京安伯公司、天津纺织大学、河套大学等科研院所合作，通过对技术人员培训指导，先后完成了舍饲圈养饲草料配方试验、光控增绒试验、原材料检测分析试验、屠宰率试验、"敏盖"山羊绒品质评定及其适纺性能研究试验；设计出单日可洗羊1 000只以上的升降式药浴池，节省了羊药浴时的劳动强度；以实施国家公益性行业（农业）科研专项西北地区荒漠草原绒山羊高效生态养殖研究与示范项目为契机，制定完成了高繁高产型绒山羊地方标准。在中国畜禽种业发表了名为《山羊胚胎移植在农村牧区的推广》《巧治舍饲绒山羊不孕症》等科研论文；编写完成《敏盖白绒山羊养殖技术培训教材》和《敏盖白绒山羊生产宝典》两本著作，为绒山羊发展提供了技术支撑。

四、效益分析

自研究中心成立以来，累计组织养殖技术培训会5次，培训人员320人；实施绒山羊及肉羊胚胎移植1 340只（鲜胚移植1 300只，受胎率达61.2%；冻胚移植40只，受胎率达45%）；实施同期发情+人工授精14 211只，受胎率达86.4%；受孕B超妊娠检测512只，种羊等级鉴定12 540只，组建育种核心群3 000只，发展联合育种户162户，完成了核心种群系谱档案组建。累计输出敏盖绒山羊种羊2万只，为养殖户创收3 000多万元。

范例二　高繁高产+标准化养殖模式

——鄂尔多斯市立新实业有限公司

一、绒山羊高效生态养殖模式及其特点

鄂尔多斯市立新实业有限公司位于鄂尔多斯市伊金霍勒旗敏盖镇，公司致力于打造农业现代化和绒山羊规模化舍饲养殖示范基地，按照"一场两基地七配套"三项科技

图1-2-1　公司调研

应用，建设一个适宜绒山羊现代化规模舍饲养殖场，利用饲草（苜蓿）、饲料（玉米）两个种植基地，将饲料生产、饲养、繁育、疫病防治、粪污利用、远程监控、质量溯源七项配套技术，与智能饮水、自动上料、科学配方三个技术应用，形成"饲草料种植—饲料科学配方—饲料加工成粒—自动化饲喂—科学繁育—育肥出栏—粪便还田"的绒肉型绒山羊高效生态、可持续发展体系，实现绒山羊养殖从过去的传统粗放养殖转变为高效率、低成本、可持续的现代高效养殖（图1-2-1）。从根本上解决了草畜矛盾，保护了生态环境，为我国北方生态安全作出贡献，为全国绒山羊可持续发展走出了一条新路子。

二、绒山羊高效生态养殖的关键技术

公司在绒山羊舍饲养殖过程中，采取标准化饲养、规范化管理技术，达到两年三胎。通过科学配料、适当运动、定期驱虫、统一免疫、统一消毒、保健饲草及微量元素添加等"六项"措施。对羊只实行编号进行改良育种，同时针对不同情况和不同生长阶段进行分群管理。

（一）两年三胎生产管理技术

利用激素药物调控舍饲母羊发情，采取羔羊早期断奶，从而使母羊两年内生产三次羔羊的技术。

1. 促进母羊发情措施

阴道CIDR栓埋置10～12d，撤栓同时肌肉注射PMSG 200～300IU、半支PG（1mL）；撤栓后12小时开始试情；发情后12h、24h、36h分别进行人工授精3次。人工授精技术参照DB15/T 852.1-2015《蒙古羊人工授精技术规程》。

2. 母羊发情鉴定

利用公羊试情法，选择一只2～5周岁体格健壮，性欲旺盛的公羊做为试情公羊。试情公羊事前应做输精管结扎手术，或者佩戴试情布。试情布尺寸为30cm×25cm。试情公羊放入母羊群中，如果发现试情公羊爬跨母羊，且母羊接受爬跨，即为发情母羊。每日早晚各试情一次。每次鉴定出来的母羊要及时圈入另圈，让试情公羊去寻找其他发情羊。

3. 药物处理及产羔时间

第1批药物催情时间为当年的10月，第二年3月产羔，哺乳2个月后羔羊早期断奶；第2批药物催情时间为第二年的6月，11月产羔后哺乳2个月羔羊断奶；第3批药物催情时间为第三年2月，7月产羔，断奶后进入下一轮催情配种期。

4. 两年三产母羊饲养管理

舍饲怀孕母羊每日喂精料300～350g，哺乳期单羔母羊应增加到450～550g，双羔母羊应增加到550～650g，羔羊断奶后逐渐减少到250g；同时补喂玉米青贮600～800g、甜菜或胡萝卜250g。产后母羊要多加护理，保持圈舍内清洁干燥，母子同栏饲养。水槽应每天保持清洁，水质应符合NY 5027《无公害食品畜禽饮用水水质》的要求。

（二）优质饲草料供给技术

公司采用租赁和整合土地资源，进行青贮玉米与苜蓿的种植。目前，公司共种植青贮玉米200亩（1亩=1hm²；1亩≈667m²。全书同），亩产可达到3 000kg。苜蓿150亩，种植草原2号和敖汉苜蓿等品种，亩产可达到500kg左右，主要营养价值指标为蛋白质含量达到18%～20%，钙、磷含量在2.4%和0.15%左右。

羔羊的补饲单独进行，自由采食，少给勤添，同时保证饲草、饲料和饮水的清洁卫生。15日龄后的羔羊开始补饲一些营养好、易消化的精料和嫩绿的树叶、青草和青干草。参考粗料方为优质青干草50%、优质苜蓿干草30%、胡萝和青绿饲料各10%，6—9月龄时可少量添加尿素和适量投喂青贮。参考精料配方为玉米30%，豆、小麦和小米各20%，葵粕5%、石粉1%、羔羊期混料4%。

空怀及妊娠前期（妊娠前3个月）母羊参考粗料配方为普通青干草30%、豆科牧草10%、经过处理的可饲秸秆40%、青绿饲料或青贮20%，参考精料配方为玉米64%、豆粕10%、葵粕5%、麸皮16%、石粉1%、空怀期预混料4%。参考粗料配方为普通青干草40%、豆科牧草15%、经过处理的可饲秸秆25%、青绿饲料或青贮20%（产前15d和产后5d不喂青贮），参考精料配方为玉米64%、豆粕16%、葵粕5%、麸皮10%、石粉1%、泌乳期预混料4%。

妊娠后期（妊娠后2个月）及产后母羊参考粗料配方为普通青干草40%、豆科牧草15%、经过处理的可饲秸秆25%、青绿饲料或青贮20%（产前15d和产后5d不喂青贮），参考精料配方为玉米64%、豆粕16%、葵粕5%、麸皮10%、石粉1%、泌乳期预混料4%。

种公羊参考粗料配方为普通青干草30%、豆科牧草15%、经过处理的可饲秸秆和青绿饲料或青贮各25%、胡萝卜5%，参考精料配方为玉米60%、豆粕20%、麸皮10%、葵粕5%、石粉1%、种公羊预混料4%。精料配方为玉米65%、豆粕20%、麸皮10%、石粉1%、羊育肥预混料4%。

（三）疫病防控技术

通过行业科技项目的实施，专家认证后确立本养殖场为"动物疫病净化创建场"，执行"疫病综合防控技术规范"和"重大动物疫病净化技术规范"。通过推广实施，"疫病综合防控技术规范"示范羊场防疫基础设施和防疫能力得到明显提升，无重大疫病发生，幼年动物成活率提高5%以上，疫苗、消毒、体内外寄生虫等临床用药均有规范记录，有据可查。具体技术规范如下。

疫病综合防控技术规范

针对疫病防控基础比较薄弱的羊场和小型羊场，制定了"疫病综合防控技术规范"，该技术涉及羊场管理规章制度、消毒、检疫和疫苗免疫、临床用药等方面。具体技术环节为：

（1）饲养管理制度建设

羊场应该根据本场实际情况制定和完善管理制度并严格执行，各个岗位的人员各司其职，严格遵守各项规章制度，管理人员应经常监督检查各项制度是否落实到位。在周边出现疫情时，所有人员应该坚守各自工作岗位，严格遵守各项规章制度，做好隔离措施，同时禁止任何闲杂人员进出场区，本场所有人员进入场区前均应做好彻底消毒措施。

（2）消毒

消毒包括日常预防性消毒和紧急消毒，预防性消毒一般选择高效、广谱的消毒剂，能对所有微生物起到有效杀灭作用。而紧急消毒是在周边动物或本场发生传染病时采取的措施，此时应根据病原种类选择对病原具有特异、高效杀灭作用的消毒剂或消毒方法，有助于疫病控制（图1-2-2）。

图1-2-2　项目实施前后羊场防疫基础设施对比

（3）检疫

定期进行口蹄疫、小反刍兽疫、羊痘、布鲁氏杆菌、传染性胸膜肺炎、寄生虫病等羊重大或常见多发疫病检疫。如果在羊群中检测到口蹄疫、小反刍兽疫、布鲁氏杆菌阳性动物或发现发病动物，应及时隔离淘汰并按规定上报相关部门；如果检测到其他疾病阳性或发病动物，应及时隔离治疗或淘汰。引进羊时需严格检疫，隔离饲养观察2周以上，确证健康后方可混群。

（4）免疫程序制定

每个羊场应按当地动物疫情状况，再结合本场实际情况制定可操作性强的免疫程序并严格执行，每次免疫后应进行免疫效果抽样检查，如果出现免疫失败，应及时补免；此外，在周边出现疫情时应加强免疫一次。

（5）配备兽医和兽医室

羊场应配备兽医和兽医室，兽医应随时密切观察羊群健康状况，如果出现疑似病例时，应及时进行详细的临床检查和简单的实验室检测进行诊断，做出初步结论，必要时送相关单位进行确诊。兽医还应对羊场疫苗、消毒、驱虫药物、常规治疗药物的使用做好详细的记录。

三、基础设施及配套建设

公司现有原种羊场一处23 800m²；绒山羊交易市场一处21 000m²；建设培训大厅、研究室、办公室、兽医室、配种室、实验室、档案室等1 180m²；绒山羊舍饲养殖标准化棚圈及运动场20 600m²（图1-2-3）；饲草料库3 250m²；青储窖500m³；羊绒储存库200m²；存栏"两高一优"型绒山羊核心种羊1 100只，全舍饲养殖绒山羊5万只；带动农牧民实现致富1 082户。基地正在培育的"敏盖"白绒山羊是目前内蒙古唯一能适应全舍饲圈养的绒山羊种群，与其他绒山羊相比具有"两高一优"，既产绒量高、产羔率高、肉质优的种群优势，其产绒、产肉性能均达到了全国领先水平，具有很高的市场竞争力和品牌知名度。

图1-2-3 舍饲养殖棚圈

四、效益分析及示范效果

（一）效益分析

鄂尔多斯市立新实业有限公司国家公益性行业（农业）科研专项"西北地区荒漠草

原绒山羊高效生态养殖技术研究与示范"科研示范基地建设绒山羊养殖示范户10户，可辐射带动100户农牧民从事绒山羊标准化养殖，实现销售收入1 220万元，实现利润480万元；示范户户均新增收59 585元，人均新增收入达25 000元。通过项目的实施，有利于促进畜牧业生产方式转变，彻底改变养畜观念，减轻生态压力，实现畜牧业现代化、集约化、效益化经营。使广大养畜户提高畜牧业生产科技含量，由头数型畜牧业向质量型效益型畜牧业转变，不断提高收入水平（图1-2-4）。

图1-2-4　赛羊大会

1. 核心育种户效益

（1）产出。每户按60只高质量基础母羊养殖计算，雇佣饲养员1人。

①按双羔率80%、成活率90%、2年3胎计算，单只敏盖绒山羊年均得羔2.4只。

②10月龄时出栏，单只母羔2 000元，单只公羔2 500元以上，即：

1.2只（母羔）×2 000元/只=2 400元

1.2只（公羔）×2 500元/只=3 000元

③羊绒2.5斤/只×120元=300元

（2）成本费用投入。

①1 080元（一只基础母羊一年饲草料费用）+1 500元（2.4只羔羊10月龄饲草料费用）=2 580元

②人工费每只基础母羊500元，总存栏200只以下，基础母羊每户按60只计算，60只×500元/年/只=30 000元/人

③水电、防疫费100元/只

（3）年利润。养殖园区核心育种户按每户60只基础母羊养殖计算：

5 700元（产出）-3 180元（成本投入）=2 520元/只

2 520元/只×60只=151 200元/户/年

2.扩繁户效益

（1）产出。扩繁户按30只高质量基础母羊养殖计算

①按双羔率80%、成活率90%、2年3胎计算，单只敏盖绒山羊年均得羔24只。

②10月龄时出栏，单只母羔1 500元，单只公羔2 000元以上，即：

1.2只（母羔）×1 500元/只=1 800元

1.2只（公羔）×2 000元/只=2 400元

③羊绒2.5斤/只×120元=300元

（2）成本费用投入。

①800元（大部分饲草料自备，羔羊及母羊添加饲草料）

②人工费（无）

③水电、防疫费100元/只

（3）年利润。按每户30只基础母羊养殖计算，年利润如下：

4 200元（产出）-900元（成本投入）=3 300元/只

3 300元/只×30只=99 000元/户/年

3.生产户养殖效益

（1）产出。普通生产农户每户按50只基础母羊养殖计算。

①按双羔率150%、成活率90%、2年3胎计算，单只绒山羊年均得羔2只。

②18月龄时出栏，单只母羊700元，单只公羊1 000元以上，即：

1只（母）×700元/只=700元

1只（公）×1 000元/只=1 000元；

③羊绒1.5斤/只×120元=180元

（2）成本费用投入。

①800元（大部分饲草料自备，羔羊及母羊添加饲草料）；

②人工费（无）。

③水电、防疫费100元/只。

（3）年利润。

普通生产农户每户按50只基础母羊（总存栏150只）养殖计算，年利润如下：

1 880元（产出）-900元（成本投入）=980元/只

980元/只×50只=49 000元/户/年

（二）示范效果

公司2016年成立了高产高繁内蒙古绒山羊研究开发中心，并与自治区农牧业科学院联合实施了自治区科技计划"舍饲条件下绒山羊育繁推一体化与精准养殖模式研究与示范"项目。与国家绒毛体系岗位科学家、自治区农牧业科学院、自治区家畜改良站、内蒙古农业大学合作，通过5～10年培育，形成独具特色的地方绒山羊品种，其生产性能大幅提高。2007年11月17日，时任总书记胡锦涛同志莅临基地视察，并给予了高度评价，总书记说："你们积极响应国家号召，改放养为圈养，既保护了生态，又发展了生产，增加了收入，走上了致富道路，为建设社会主义新农村、新牧区带了好头！"未来几年公司将以"敏盖"白绒山羊育种为核心，以内蒙古白绒山羊交易市场为平台，加大科学技术投入、完善良种繁育体系、延伸产业链条、增加舍饲养殖效益。培育一个全舍饲条件下的高产细绒型绒山羊新品种，建设一处国家级绒山羊专业化交易市场，研究一套科学的绒山羊规模化全舍饲养殖成套技术，形成一个具有显著地域特色和竞争优势的绒山羊舍饲养殖产业为目标而不懈努力。

范例三　种养殖+农业机械服务+绒毛加工养殖模式

——伊金霍洛旗韩文兵

一、绒山羊高效生态养殖模式及其特点

伊金霍洛旗文兵农业机械服务企业，位于苏布尔嘎镇敏盖村四社，始建于2011年5月。是由有多年养殖敏盖白绒山羊经验的小型养殖户，以文兵农机服务队为主要资产组建而成，是一家适度规模经营，"为养而种模式"，集农业机械服务、种养殖、绒毛加工、土地托管于一体的多种经营组织企业（图1-3-1）。

图1-3-1　示范户荣誉证书

二、绒山羊高效生态养殖的关键技术

该企业主要依托社会化服务中心，以当地养殖技术需求为目标，主要进行"敏盖"白绒山羊同期发情、人工授精、B超妊娠检查、胚胎移植、冷冻精液制作、敏盖高繁高产型新品种培育。

（一）绒山羊同期发情、人工授精、B超妊娠检查、胚胎移植技术

1. 同期发情

清洁绒山羊母羊外阴，碘酒消毒，将CIDR置于阴道内，约放置14d后肌肉注射250～300IU PMSG，第16d肌注PG同时取出CIDR，撤栓后清洗阴道，每隔12h用试情公羊试情一次。发情后8～12h配种或人工输精。

2. 人工输精

利用假阴道采集的精液，倒入无菌棕色接精杯中，取一滴于载玻片上观察精液活力及计数，取精子活力在70%以上的精液进行稀释，稀释后精子数量为1×10^7每毫升，利用输精器取0.2mL注入到发情牧羊宫颈口。

3. B超妊娠检查

配种45d后仍未发情的母羊鼠蹊部备皮，涂抹螯合剂，利用超声探头寻找孕囊检测怀孕情况。

4. 胚胎移植

将从供体母羊输卵管内冲出的胚胎装管备用，同时将同期发情的受体母羊贴近子宫角腹壁备皮，消毒，开1～2cm的小孔供腹腔镜进出，利用腹腔镜钳固定有红体侧子宫角，将装管的胚胎顺子宫角注入后，缝合腹壁。

（二）高繁高产型新品种培育技术

严格按照"高繁高产型"绒山羊地方标准，通过敏盖白绒山羊种羊场+联合育种户的方式进行育种核心群组建、种羊等级鉴定、选种选配、系谱档案建立最终形成敏盖白绒山羊产品质量追溯平台。

（三）饲养管理技术

一是选择品种性状好的家畜。不好的种公羊就要淘汰，选择平均产绒在1kg以上，种公羊产绒在1 250g以上的"敏盖"白绒山羊。

二是种植优质饲草。按羊的营养需要，种植饲料玉米、青贮玉米、紫花苜蓿、沙打旺、羊柴、草木樨等豆科牧草。主要靠水地为养而种进行舍饲养羊，具体技术见社会化服务中心主要关键技术。

三是科学喂养技术。所有饲草，全部加工成草粉喂。不同类型的羊，按不同的配方搭配饲料。具体技术见社会化服务中心主要关键技术。

四是做好疫病防治技术。五号病，羊三联，羊痘疫苗必须要打，预防为主。结合当地疫情和生产实际情况制定免疫程序和驱虫计划，使羊主要疫病免疫率100%，驱虫

达100％。定期给棚圈消毒，保持干净、减少病菌污染。通过对"疫病综合防控技术规范"的推广实施，按照该技术规范的要求增加和改进了羊场消毒设施，制定了羊场免疫程序和驱虫计划，使羊场防疫基础设施和防疫能力得到明显提升，消除了疫病发生的隐患，羊场幼年动物成活率提高5％以上，疫苗、检测、消毒、体内外寄生虫及其他临床用药均有规范记录，有据可查，企业养殖技术和养殖效益均有明显提升。

三、机械化服务

目前，企业现有农机设备如下分类：

动力机械：1604拖拉机一台、904拖拉机一台、804拖拉机一台、600拖拉机一台、250拖拉机一台。

耕整机械：430型二台、210型双轴灭茬机二台、2.1型动力耙一台、250型深松整地联合作业机一台。

播种机械：4行免耕播种机一台、铺膜点播机6HA型一台、铺膜点播机4HB一台、牧草免耕播种机2.4型一台。

田间管理机械：3840型喷药机一台、小型喷药机一台。

收获机械：自走式玉米联收机一台、青贮玉米收割机220型一台、自走式青、黄贮3000型一台、四圆盘打草机二台、秸秆打捆机一套、搂草机一套、马铃薯收获机一台（图1-3-2，图1-3-3）。

图1-3-2　饲草收割

图1-3-3　对秸秆进行打捆，传统秸秆拉运和打捆后拉运对比利用率增加，安全性提高

畜牧养殖机械：粪便清理机械50型一台、20型
一台、药浴机一套、4立方饲草料送料机一台（图
1-3-4）。

饲草料加工机械：颗粒、混合饲料加工生产线
一条、小型颗粒饲料加工机一套。

该企业从种植到加工、饲喂全程实现了机械
化，解决一家一户办不了、办理不合算问题，续补畜
牧业机械化短板，年农业机械耕种收作业能力11 000
亩，机剪羊毛1 000只以上；机械化药浴羊20 000只以
上，社会化服务低于市场价格10%以上。

图1-3-4 机械化饲喂

四、基础设施及配套建设

企业从2011年成立以来，共计投入资金1 200万元，总投入中基础设施建设投入资
金700万元，购买种羊500万元。养殖场的饲草料来源通过承包周边农牧民农耕地规模
种植，目前达到2 031亩，养殖场的饲草料全部自给自足，颗粒饲料比市场价格每吨低
1 000元左右，从种植到加工、饲喂全程实现了机械化。年出售肉羊种公母羊450只，绒
山羊525只，绒毛加工能力100t/年。农业机械作业11 000亩，其中：社会化服务7 670亩
（耕作3 800亩，田间管理机械化作业3 500亩，机械化玉米收获2 000亩、机械化牧草收
获1 700亩），社会化服务低于市场价格10%以上，年销售收入达到393.6万元，净利润
达到160.561 2万元。种羊主要销往周边地区，部分销往巴彦淖尔盟、锡林郭勒盟、呼和
浩特市、包头以及晋、陕、宁等地区。发展带动周边养殖户100多户，同时吸纳20多人
进社打工，每个劳动力年平均增收8 400元左右。

为发展"敏盖"绒山羊产业，企业招商引资，引进了河北省清河县金盾绒毛制品有
限公司与我企业合资注册成立了鄂尔多斯市文兵绒毛制品有限责任公司，引进20多台输
绒设备，与2017年6月开始生产，截止目前，已经生产无毛绒55t。同时安排农牧民就业
30多人，每个劳动力年平均增收3万～4万元。

五、效益分析及示范效果

（一）效益分析

1.绒山羊养殖效益分析

按50只基础母羊养殖计算：

（1）产出。

①按双羔率50%、成活率90%、2年3胎计算，单只绒山羊年均得羔2只。

②18月龄时出栏，单只母羊700元，单只公羊1 000元以上，即：

1只（母）×700元/只=700元；

1只（公）×1 000元/只=1 000元；

③羊绒1.5斤/只×120元=180元。

（2）成本费用投入。

①800元（大部分饲草料自备，羔羊及母羊添加饲草料）；

②人工费（无）。

③水电、防疫费100元/只。

（3）年利润。养殖计算年利润如下：

1 880元（产出）-900元（成本投入）=980元/只。

980元/只×525只=514 500元/年。

2.机械化服务效益分析

耕作成本：收费每亩50元/亩，按照实际支出50%计算（包括折旧费、燃油等费用），50%×1×50元/亩=25元/亩；利润3 800亩×25元/亩=95 000元

播种成本：收费每亩30元/亩，按照实际支出45%计算（包括折旧费、燃油等费用），45%×1×30元/亩=13.5元/亩；利润2 031亩×16.5元/亩=33 512元

田间管理成本：收费每亩20元/亩，按照实际支出40%计算（包括折旧费、燃油等费用），40%×1×20元/亩=8元/亩；利润3 500亩×12元/亩=42 000元

机械化收获成本：收费每亩100元/亩，按照实际支出55%计算（包括折旧费、燃油等费用），55%×1×100元/亩=55元/亩；利润2 000亩×45元/亩=90 000元

牧草收获成本：收费每亩30元/亩，按照实际支出40%计算（包括折旧费、燃油等费用），40%×1×30元/亩=12元/亩；利润1 700亩×18元/亩=30 600元

机械化服务效益291 112元。

玉米种植成本：玉米籽种每亩30元、化肥120元、农药20元、耕地50元、播种30元、田间管理20元、收获140元、水电费40元、人工40元、租地费用110元。合计600元/亩，利润：亩产1 200斤×玉米价格0.8元=960元（按2017年产量和价格计算）；1 600亩×360元=576 000元

3.总体效益分析

通过近年来国家惠民政策的落实，该项目户每年得到玉米种植补贴金，每亩140元×1 600=224 000元；进行绒山羊养殖的年收益为514 500元；机械化服务效益291 112元；玉米种植效益576 000元，总计年收益可达到1 605 612元（绒毛加工收益未计算）。

（二）示范效果

为壮大敏盖绒山羊产业发展，企业招商引资，引进河北省清河县金盾绒毛制品有限公司与公司合资注册成立了鄂尔多斯市文兵绒毛制品有限责任公司，引进20多台输绒设备（图1-3-5），与2017年6月开始生产，截止目前，已经生产无毛绒31吨。安排就业农牧民，进入企业打工30多人，每个劳动力年平均增收3万~4万元。

种羊主要销往周边地区，部分销往巴彦淖尔盟、锡林郭勒盟、呼和浩特市、包头以及晋、陕、宁等地区（图1-3-6）。发展带动周边养殖户100多户，同时吸纳20多人进社打工，每个劳动力年平均增收8 400元左右。

图1-3-5　相关专业人员参观梳绒过程　　　　　图1-3-6　赛羊大会中获奖

下一步，将计划新建敏盖白绒山羊（培育中的 "二高一优" 型）核心群1 000只以上（其中细绒型500只、高繁高产型500只），辐射带动周边养殖户300多户，户均增收5 000元左右（图1-3-7，图1-3-8，图1-3-9）。

图1-3-7　意大利专家来企业　　　图1-3-8　意大利专家来企业　　　图1-3-9　全国养殖场经验交流会
　　　　　指导绒山羊养殖　　　　　　　　指导绒山羊养殖　　　　　　　　企业情况介绍

模式二

内蒙古鄂尔多斯市鄂托克旗白绒山羊——放牧+补饲高效生态养殖模式

一、地理位置及社会经济概况

鄂托克旗位于鄂尔多斯高原的西部，地处东经106°43'~108°54'，北纬38°18'~40°11'。其北部、东部和南部分别与杭锦旗、乌审旗和鄂托克前旗接壤，西部与乌海市、宁夏回族自治区陶乐县毗邻，部分地区隔黄河与石嘴山市和阿拉善盟相望。该旗辖6个苏木镇（乌兰镇、蒙西镇、棋盘井镇、木凯淖尔镇、苏米图苏木、阿尔巴斯苏木）、75个嘎查村，21个社区居委会。全旗总土地面积2.1万km²，其中天然草原面积2 962.36万亩，占土地总面积的96.97%，可利用面积为2 619.75万亩，占草场总面积的88.43%，饲草料地41.67万亩，占可利用草原面积的1.6%。截至2016年年末，全旗户籍人口为97 023人，其中蒙古族人口为26 449人，占户籍人口的27.26%。户籍人口中农牧业人口57 799人，占户籍人口的60%。2016年实现地区生产总值453.5亿元，增长8.2%；规模以上工业增加值262.2亿元，增长9.8%；固定资产投资340.7亿元，增长13.6%；公共财政预算收入38亿元，增长7.2%；社会消费品零售总额43.5亿元，增长11.6%；城乡居民收入分别达39 668元和15 485元，增长7.7%和7.4%。

二、饲草料供给及生态保护现状

全旗共有饲草料基地41.67万亩，占可利用天然草场的1.6%，但却承载着45.6%的载畜量。大部分分布在都斯图河流域及黄灌区，约30.26万亩，占全旗饲草料基地总面积的72.6%，其余11.41万亩饲草料基地由农牧户分散经营，种植规模小，不利于大型机械操作。全旗农牧户有13 548户（常住），其中饲草料种植户有6 634户，种植面积在20亩以下的有2 835户，20~50亩的有2 662户，50~100亩的有617户，100亩以上的有520户，没有种植饲草料地的有6 914户，占全旗农牧户的51.03%。41.67万亩饲草料地中，

优质牧草紫花苜蓿种植面积达10万亩（图2-0-1），占饲草料地总面积的24%，每亩产干草量达到800kg，可产优质牧草8 000万kg；玉米种植面积达25.07万亩，占饲草料地总面积的60.2%，每亩秸秆产量达675kg，可生产玉米秸秆1.7亿kg，每亩玉米精料平均产量450kg，可产玉米精料1.1亿kg，折干草2.82亿kg；青贮玉米种植面积达2.5万亩，占饲草料地总面积的6%，青贮产量每亩3 000kg计算，可产折干草2 500万kg；马铃薯、油葵等经济作物4.1万亩，占饲草料总面积的9.8%。

2000年以来，鄂托克旗陆续实施了天然草原保护与恢复建设项目、天然草原围栏项目、牧草种子基地建设工程、天然草原退牧还草工程、草原生态保护补助奖励机制以及京津风沙源治理工程二期、草原生态建设工程、绒山羊高效生态样式示范户建设等国家和地方一系列重大工程。这些重大工程的实施，使鄂托克旗草原"三化"得到了有效缓解，局部地区生态环境明显好转，并向良性循环发展。主要表现在：一是与1985年草原区划结果相比草原的等级明显提升，标志在出现了一等草原，二等、三等草原面积提升幅度达到67.8%和41%，四等草原和五等草原大幅下降，下降幅度高达79.7%和60%，体现了草场禁牧及改良建设对优良牧草比例回升的作用。二是三化面积有所下降，2010年的三化面积1 509.23万亩与2000年的三化面积1 872.23万亩，相比下降363万亩，降幅达到19.38%，全旗草原植被盖度、高度、牧草产量以及物种多样性等生态指标均有较大的提升，天然草原上有毒有害植物比例明显下降，野生动物数量有所增加。现代农牧业建设取得突破性进展，生态环境持续恢复，农牧民收入不断增长、生活水平明显提高。目前全旗从4月开始对绒山羊饲养实行休牧舍饲制度，7月开始放牧，从12月开始采取放牧+补饲的管理饲养方法。

图2-0-1　大型喷灌设备及苜蓿草地

三、绒山羊资源保护与利用现状

该旗2016年牲畜存栏185万头只，其中大畜4万头，占牲畜总数的2.2%；羊176.75

万只，占牲畜总数的95.5%；猪4.25万头，占牲畜总数的2.3%。全年粮食产量2.3亿斤，全年肉类总产量17 884吨，年产山羊绒650吨，绵羊毛产量200吨，各类皮张71.29万张，禽蛋产量142吨，奶类产量17 530吨。一产实现增加值7.5亿元。市级以上龙头企业42家，专业合作社190家，建成绒山羊高效生态养殖示范户88户、现代农牧业基地17万亩，农牧业综合机械化率达到73%，"鄂托克阿尔巴斯山羊肉"农产品地理标志通过国家农业部认证。

白绒山羊是鄂托克旗的优势畜种，在当地饲养历史悠久，经过长期的自然选择和人工选择，形成的一个地方良种，因其发源地在鄂托克旗原阿尔巴斯苏木，故称阿尔巴斯白绒山羊。据2016年6月30日统计全旗山羊饲养量为146.75只，占全旗大小畜总数的79.3%。阿尔巴斯白绒山羊具有适应性强、耐干旱、耐风沙、耐酷暑、耐严寒、耐粗饲等特点，能够充分利用其他家畜所不能利用的荒漠、半荒漠化草场，特别是一些高大的灌木、半灌木、盐碱性植物等劣质饲草，具有其他畜种无法替代的重要地位。阿尔巴斯白绒山羊羊绒品质好、纤维长、强度大、重量轻、白度高、色泽好且具有良好的成纱性，是高级毛纺产品的优质原料，素以"软黄金""纤维宝石"之称，驰名中外。

近年来，全旗阿尔巴斯白绒山羊年末存栏数稳定在100万只左右，繁殖母羊近70万只，年产仔畜60多万只，繁殖成活率达到96%以上。个体平均产绒量由1988年命名时的250g提高到现在的600g以上，山羊的体格体重都有了大幅提高，10月配种前母羊平均体重由1988年命名时的28kg提高到了现在的37kg以上，羊绒的细度保持在15.35μm左右。

此外，2006年建立内蒙古白绒山羊阿尔巴斯型白绒山羊保护区，保护和提高阿尔巴斯白绒山羊品种数量与质量。鄂托克旗以阿尔巴斯白绒山羊原产地棋盘井镇乌仁都西嘎查、蒙西镇巴音温都尔嘎查为基础，现有6.5只阿尔巴斯白绒山羊和150万亩天然草原，建设阿尔巴斯白绒山羊资源保护区1 000km²，选择了保护区内200户牧民的40 000只阿尔巴斯白绒山羊作为核心种群重点保护，通过核心种群繁育，年销售推广阿尔巴斯优质种羊500只。政府先后出台多项措施并制定产业发展规划（图2-0-2）增加保护区饲养阿白山羊原种牧民收入。在羊绒销售上与羊绒收购企业协作，对保护区较细羊绒的牧户进行补贴；旗改良站与伊吉汗羊绒制品有限责任公司相关技术人员共同完成羊绒纤维测定工作，对保护区内细绒牧户进行了奖励。2013年以来，根据《内蒙古自治区人民政府关于振兴羊绒产业的意见》（内政发[2013]71号）精神，制定了《鄂托克旗绒山羊保种项目实施方案》，在保护区内实施基础母羊、种公羊补贴，人工授精站建设等。目前绒山羊保护区由原来的2个嘎查扩大到11个嘎查，正在申请建立国家级白绒山羊保护区。保护区内每个嘎查每年新建一个中心配种站，每年建设14.5μm以下的超细核心种羊群1个，逐步完善基础设施。

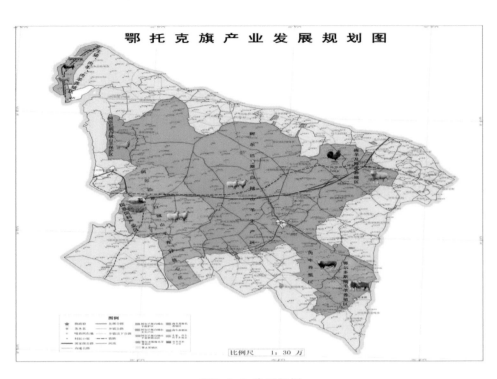

图2-0-2 发展规划

四、产业发展现状及趋势

内蒙古阿尔巴斯型白绒山羊产业一直以来是鄂托克旗畜牧业经济的主导核心产业，农牧民70%的收入来源于该产业，由此拓展的羊绒、羊肉、饲料、休闲观光旅游等产业极大地为农牧民增收创造了各种途径。目前，有18家龙头企业，90多家专业合作组织从事阿尔巴斯山羊养殖、加工、销售工作；全旗有近8 000户农牧民以养殖阿尔巴斯山羊为主，农牧民在白绒山羊养殖中得到很大实惠，每户农牧民在山羊养殖中的年收入近77 120元，如加上品牌因素，预计农牧民在山羊养殖中的年收入可达9.8万多元，因此，此产业是实现千家万户农牧民加快小康建设步伐、持续增收、边疆稳定、发展潜力巨大的朝阳产业。

目前，鄂托克旗政府为绒山羊高效生态养殖示范户建成了较为配套的标准化棚舍400m²、储草棚450m³、青贮窖120m³、饲草料调制室60m²和农机库40m²，彻底改变了部分牧户饲草露天堆放，牛羊简易棚饲养的粗放做法，根据示范户反映，冬春储备的饲草的损失率至少能下降20%，羊的繁殖成活率可提高10%，同时还可确保饲养量不断增大。大部分示范户配备了喷灌机和成套农机具，有的示范户纳入了农机服务队的服务范围，饲草料种植、收储、加工向全程机械化作业推进。有88个示范户建成了初步的划区轮牧围栏，划区轮牧也开始推广。现代物质装备水平的提高，为草原畜牧业现代化奠定了基础。

另外，鄂托克旗将绒山羊产区根据立地条件划分为白绒山羊保护区、育种核心区和生产区。一是在白绒山羊保护区内，实施白绒山羊保种项目，开展超细型白绒山羊的选育，严禁引进其他品种的绒山羊，目前已组建羊绒细度在14.5μm以下的核心群10群1 000只；二是育种核心区是以白绒山羊种羊场为主进行重点扶持和打造，年提供优质种公羊2 000只，使优质种畜生产和供应能力得到进一步加强；三是生产区是以保护区以外的白绒山羊产区，在控制羊绒细度的基础上，提高产绒量、产肉量、产羔率，巩固提高绒肉产业，推进绒山羊高效生态养殖示范户建设。

五、绒山羊高效生态养殖模式

针对当地生态环境和草场特点，为了保护草场生态环境，使草原植被得到全面的恢复的同时使草场资源得到合理利用，该地区目前主要的饲养方式为放牧＋舍饲。经过几年的探索和实践，基本形成了一套绒山羊高效生态养殖的优化发展模式，主要以草地改良＋划区轮牧技术＋配方种植＋科学饲喂＋科学饲养技术（分群管理＋羔羊早期培育、两年三产和快速育肥相结合）的饲养管理模式在绒山羊养殖户中推广应用。总结实施"两个转变"，推广"三个模式"，实现"四个提高"。两个转变是：由传统放牧养畜向季节性休牧＋划区轮牧转变，由秸秆养畜向种草种青贮养畜转变，推广配方种植饲草料。推广的三个模式是：分群饲养，肥羔生产和快速肥育相结合的管理模式；饲草料合理搭配的饲喂模式；持久的育种改良繁育模式。四个提高是：提高饲养管理技术水平；提高养殖小区建设水平；提高标准化生产水平；提高组织化经营程度。现代高效生态养殖模式正在示范户中得到推广应用，带动着草原畜牧业饲养管理及生产水平不断提高。

范例一　超细、高繁阿尔巴斯绒山羊选育模式

——内蒙古亿维白绒山羊有限责任公司

一、概况

内蒙古亿维白绒山羊有限责任公司位于内蒙古自治区鄂尔多斯市鄂托克旗，总占地面积15.5万亩。共有3个分场：保种场10.7万亩、育种场4.5万亩及转基因养殖场0.3万亩。鄂托克旗畜群点34处，存栏内蒙古阿尔巴斯绒山羊种羊8 500只、配种站3处、饲料加工厂1处、疫病防控室1处、冻精站1处、转基因实验室1处、专家接待楼1处、资料室1处、陈列室1处。每个畜群点配套有牧工宿舍、放牧草场、饮水点、羊舍、运动场、饲

草料调制间、贮草棚等。

公司现有职工55人，畜牧兽医技术人员11人，管理人员10人，牧工34户，与国内各大高校和研究所（中国农业大学、西北农林科技大学、内蒙古大学、内蒙古农业大学、中国农业科学院草原研究所、内蒙古农牧业科学院、内蒙古家畜改良站）建立了紧密的合作关系，为国家培养博、硕士研究生百余人，是典型的"农科教合作人才培养基地"。公司先后承担并完成了多项国家和自治区重大专项和重点攻关项目，多次获得国家和自治区级科技进步奖及其他表彰奖励。目前，按照公司选育路线，所选育的阿尔巴斯绒山羊正朝着"三高两优"的方向发展，即产绒量高、繁殖率高、产肉性能高、羊绒品质优、羊肉品质优。现阶段，公司奋斗目标为建成我国乃至世界上规模最大、科技含量最高的"产学研用""育繁推"为一体的现代化绒山羊种业企业。

二、阿尔巴斯绒山羊选育情况

公司从1961年期开始从事专业的阿尔巴斯绒山羊保种选育工作，通过科学的遗传参数估计方法和BLUP法估计育种值辅助选种，提高选种的准确性，采用LAMS选配策略，实现种羊个体精细化选配。绒山羊绒产量、肉产量和繁殖率有了大幅度提高，改变了社会上对阿尔巴斯绒山羊产绒量低、一张报纸包3只羊、百母百子等说法。存栏的成年公羊、成年母羊、育成公羊、育成母羊的产绒量分别由1985年的432.66g、308.47g、273.29g、284.43g提高到了2016年的1 334g、655g、660g、740g，提高率分别为208%、112%、142%、160%，其中成年公羊个体最高产绒量达2 300g、成年母羊1 600g、育成公羊1 190g、育成母羊1 870g，净绒率为65%~70%，羊绒细度主要集中在14.5μm左右。成年公羊、成年母羊、育成公羊、育成母羊的抓绒后体重分别由1985年的42.54kg、28.28kg、19.14kg、23.69kg提高到2016年的72.86kg、43.49kg、47.41kg、30.13kg，分别提高了71.3%、53.8%、148%、27.2%。其中成年公羊个体最高抓绒后体重为102.5kg、成年母羊67.5kg、育成公羊60kg、育成母羊40.5kg。产羔率由1985年的97%增加到目前的167%。充分体现了阿尔巴斯绒山羊的品种优势。

三、绒山羊产业发展主要技术

（一）草原合理利用技术

为了保护、建设和合理利用草原，维护和改善生态环境，促进绒山羊产业可持续发展，公司把草场生态建设当做重中之重，从2000年开始就率先实行以草定畜，控制养殖数量，每20亩定羊只1，实现合理地利用草场资源，最大限度的保护了荒漠半荒漠草场生态环境，有力地促进生态环境和生态文明建设，彻底改变掠夺式经营导致草原沙化、退化的生产方式。目前后大梁和三北羊场的两块草场植被居全旗之首，连片的黄金草牧场远赛锡林郭勒盟和呼伦贝尔的草牧场。草原生态建设方面，公司将聘请专家对所属荒漠半荒漠化草原的草种进行测定，组织专家规划草牧场建设，开展草原生态普查、改善草种结构，便于草牧场的综合利用，预测天然草场产草量，为草畜平衡工作的顺利开展提供第一手资料。为探索人工干预运用现有条件提高产草量及优质牧草的利用提供科学依据。

（二）优良品种选育技术

1.超细型绒山羊培育

公司从2013年开始超细型绒山羊核心群的组建，首先对全场7 000只母羊进行细度鉴定，选出平均细度在13.5μm以下的母羊250只，同时选择绒细度在14.50μm以下、绒长度在7cm以上、产绒量500g以上的种公羊作为父本进行同质选配。目前已获得超细型阿尔巴斯成年母羊510只，后备母羊260只，后备公羊100只，平均细度14μm以下，绒厚5.4cm，毛长17.4cm，平均产绒量为650g，平均抓绒后体重为28.7kg，平均配种前体重33.17kg。同时已制定《内蒙古亿维白绒山羊有限责任公司阿尔巴斯型绒山羊超细型绒山羊鉴定标准》（图2-1-1，图2-1-2，图2-1-3）。

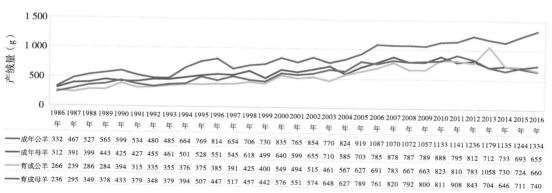

年份	1986	1987	1988	1989	1990	1991	1992	1993	1994	1995	1996	1997	1998	1999	2000	2001	2002	2003	2004	2005	2006	2007	2008	2009	2010	2011	2012	2013	2014	2015	2016
成年公羊	332	467	527	565	599	534	480	485	664	769	814	654	706	730	835	765	854	770	824	919	1087	1070	1072	1057	1133	1141	1236	1179	1135	1244	1334
成年母羊	312	391	399	443	425	427	455	461	501	528	551	545	618	499	640	599	655	710	585	703	785	878	787	789	888	795	812	712	733	693	655
育成公羊	266	239	286	284	394	315	335	355	376	375	385	391	425	400	549	494	515	461	567	627	691	783	667	663	823	810	783	1058	730	724	660
育成母羊	236	295	349	378	433	379	348	379	394	507	447	517	457	442	576	551	574	648	627	789	761	820	792	800	811	908	843	704	646	711	740

图2-1-1　内蒙古亿维白绒山羊有限责任公司产绒量测定

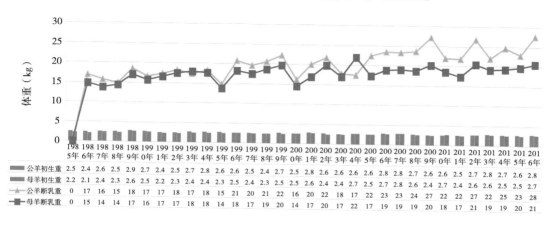

年份	1985	1986	1987	1988	1989	1990	1991	1992	1993	1994	1995	1996	1997	1998	1999	2000	2001	2002	2003	2004	2005	2006	2007	2008	2009	2010	2011	2012	2013	2014	2015	2016
公羊初生重	2.5	2.4	2.6	2.5	2.9	2.7	2.4	2.5	2.7	2.5	2.6	2.5	2.4	2.7	2.4	2.6	2.6	2.4	2.8	2.7	2.6	2.6	2.5	2.7	2.8	2.7	2.6	2.8				
母羊初生重	2.2	2.4	2.6	2.5	2.7	2.4	2.5	2.4	2.6	2.4	2.5	2.4	2.7	2.5	2.6	2.6	2.4	2.4	2.4	2.4	2.4	2.5	2.4	2.4	2.6	2.5	2.5	2.7				
公羊断乳重	0	17	16	15	17	17	18	17	18	17	18	14	21	16	20	22	16	20	22	18	17	22	18	18	27	22	27	20	17	19	19	28
母羊断乳重	0	15	14	14	17	16	15	18	18	14	18	15	18	20	14	20	22	17	22	17	18	15	17	17	19	19	20	21				

图2-1-2　内蒙古亿维白绒山羊有限责任公司初生重与断乳重测定

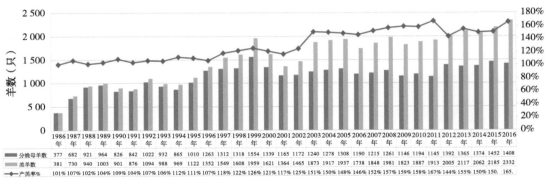

图2-1-3　内蒙古亿维白绒山羊有限责任公司产羔图表

年份	1986年	1987年	1988年	1989年	1990年	1991年	1992年	1993年	1994年	1995年	1996年	1997年	1998年	1999年	2000年	2001年	2002年	2003年	2004年	2005年	2006年	2007年	2008年	2009年	2010年	2011年	2012年	2013年	2014年	2015年	2016年
分娩母羊数	377	682	921	964	826	842	1022	932	865	1010	1263	1312	1318	1554	1339	1165	1172	1240	1278	1308	1190	1215	1261	1146	1194	1145	1392	1365	1374	1452	1408
羔羊数	381	730	940	1003	901	876	1094	988	969	1122	1352	1549	1608	1959	1621	1364	1465	1873	1917	1947	1738	1848	1981	1823	1887	1913	2005	2117	2062	2185	2332
产羔率%	101%	107%	102%	104%	109%	104%	107%	106%	112%	111%	107%	118%	122%	126%	121%	117%	125%	148%	146%	152%	157%	159%	158%	167%	144%	155%	150.				165.

2.高繁型绒山羊培育

收集和整理本公司阿尔巴斯绒山羊种质资源生产数据，根据系谱档案记录分析，组建高繁绒山羊群。目前，已制定《内蒙古亿维白绒山羊有限责任公司阿尔巴斯型绒山羊高繁高产型绒山羊鉴定标准》（图2-1-4）。

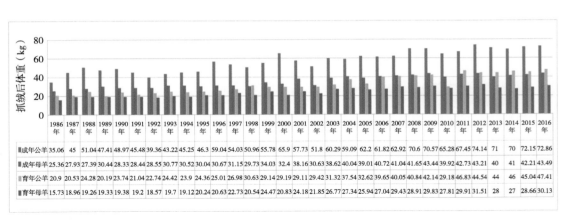

年份	1986年	1987年	1988年	1989年	1990年	1991年	1992年	1993年	1994年	1995年	1996年	1997年	1998年	1999年	2000年	2001年	2002年	2003年	2004年	2005年	2006年	2007年	2008年	2009年	2010年	2011年	2012年	2013年	2014年	2015年	2016年
成年公羊	35.06	45	51.04	47.41	48.97	45.48	39.36	43.22	45.25	46.3	59.04	54.03	50.96	55.78	65.9	57.73	51.8	60.29	59.09	62.2	61.82	62.92	70.6	70.57	65.28	67.45	74.14	71	70	72.15	72.86
成年母羊	25.36	27.93	27.39	30.44	28.33	28.44	28.55	30.77	30.52	30.04	30.67	31.15	29.73	34.03	32.4	38.16	30.63	38.62	40.04	39.01	40.72	41.04	41.65	43.44	39.92	42.73	43.21	40	41	42.21	43.49
育年公羊	20.9	20.53	24.28	20.19	23.74	21.04	22.74	24.42	23.9	24.36	25.01	26.98	30.63	29.14	29.19	29.11	29.42	31.32	37.54	32.62	39.65	40.05	40.84	42.14	29.18	46.83	44.54	44	46	45.04	47.41
育年母羊	15.73	18.96	19.26	19.33	19.38	19.2	18.57	19.7	19.12	20.24	20.63	22.73	20.54	24.47	20.83	24.18	21.85	26.77	27.34	25.94	27.04	29.43	28.91	29.83	27.81	29.91	31.51	28	27	28.66	30.13

图2-1-4　内蒙古亿维白绒山羊有限责任公司抓绒后体重测定

（三）饲养管理技术

牧工在日常生产管理活动中要保持畜群点干净、整洁，每天清扫2次，定期进行消毒；饲料、饲草及其补饲用具定点整齐存放；羊只死亡必须进行深埋，防止疫病传播；网围栏实行划片管理，发现破损应及时修补；严禁在牧场内放自留畜。

生产管理中制定了一套严格科学便于考核的生产责任制，奖惩分明，有力地推进了种羊生产性能的提高，并成为全国同行企业的种畜管理典范。每一牧业年度根据生产指标及生产设施的不断改善，进行修改和完善。主要包括《阿尔巴斯白绒山羊养殖标准化示范区管理规范》《阿尔巴斯白绒山羊养殖示范区疫病防治规范》《阿尔巴斯白绒山羊繁育技术规范》《阿尔巴斯白绒山羊养殖示范区饲养管理规范》《阿尔巴斯白绒山羊养殖示范区草牧场建设管理规范》《阿尔巴斯白绒山羊养殖示范区饲草饲料管理规范》《阿尔巴斯白绒山羊圈舍建设技术规范》等标准规范，严格实行标准化养殖。

（四）营养调控技术

阿尔巴斯绒山羊在该养殖场进行全年放牧+季节性补饲，不同类型羊群补饲标准不同。成年公羊、成年母羊、育成公羊、育成母羊精料为80%玉米，20%浓缩料，粗饲为苜蓿颗粒及玉米颗粒。羔羊精料为玉米及浓缩料，粗料为苜蓿为主。全年降水量达到300~400mm时，四类型羊群于前一年7月至第二年6月进行补饲，成年公羊平均每日补饲精料350g，粗料375g，成年母羊按照产子数分为两类，单胎母羊日补饲精料240g，粗料255g，双胎母羊补饲精料275g，粗料290g，育成公羊日补精料177g，粗料202g，育成母羊日补精料175g，粗料200g。成年公羊补饲时间由前一年10月到第二年6月，平均每日补饲精料350g，粗料375g，成年母羊补饲时间由前一年12月到第二年6月，单胎母羊日补精料240g，粗料255g，双胎母羊日补精料275g，粗料290g，周岁公羊补饲时间前一年7月到第二年6月，日补精料177g，粗料202g，周岁母羊补饲时间前一年7月到第二年6月，日补精料175g，粗料200g。当年出生羔羊，补饲时间从当年3月15日起至7月15日。每日每只补饲量精料98g，粗料75g。

（五）疫病防控

在疫病防控方面采取"预防为主，防重于治"的原则，要按时按规定不断地进行药浴、疫苗注射和灌服凉药。

每年3月26日进行三联四防疫苗的注释，每年6月20日和12月20日进行口蹄疫疫苗注射，羊痘疫苗注射时间为每年12月30日，驱虫春秋两季各一次，分别为每年4月1日和9月25日，药浴共两次时间为每年8月6日和8月10日。

在绒山羊疫病防控中中草药制剂用途也较多，效果较好，经济实惠，如以黄连、金银花为主的清热解毒药，以六味地黄草为主的催情药等。中草药的应用能够提高绒山羊免疫力，增加代谢水平，提高各项生产力，减少抗生素对草牧场的污染。

四、基础设施

（一）种羊场输水工程完善，人畜饮水是保障：完成输水工程34户，接通自来水管网47km，解决了34户牧户吃水靠车拉的局面。实现了饮水而牧，羊只可以24h随时饮水，减少羊只对草场的践踏以及自身的能量消耗。

（二）棚圈等设施完善：对公司34户牧户羊棚、贮草棚进行完善。改善了生产条件，为疫病防控奠定了夯实的基础。

（三）牧工之家进行改造：对34户牧户住房进行了改造，给牧工提供了安全舒心的生活环境。

（四）对场部实验室进行粉刷、参观点进行新建以及场部进行了绿化。场部无线网络全覆盖。新修水泥路5km，直通场部。

五、效益分析

（一）生态效益

公司绒山羊养殖模式实现合理地利用草场资源，最大限度的保护了荒漠半荒漠草场生态环境，有力地促进生态环境和生态文明建设。彻底改变掠夺式经营导致草原沙化、退化的生产方式，有利于保护生态环境和生存环境，科学合理利用草牧场，提高产出以减少对草场的压力，实现合理的利用草地资源，最大限度地保护草原，促进畜牧业可持续发展。最终达到草原增绿、农牧民增收、企业增效的共赢新模式。

（二）社会效益

公司绒山羊发展模式有利于促进畜牧业生产方式转变，彻底改变养殖观念，减轻生态压力，增加畜牧业生产科技含量，由数量型畜牧业向质量型畜牧业转变，进行种羊和技术推广，社会效益显著。

（三）经济效益

生产超细型山羊绒，售价1 000元/kg，比普通羊绒增加700元/kg。若每多培育1只，每只按增加700元计算，培育规模按3 000只计算，将会创收210万；推广超细型种母羊，每只售价5 000元，比之前高1 000元。按60%计算，将会增收180万元。高繁羊群提高了双胎及三胎率，繁殖率按160%计算，按培育规模6 000万只计算，将增产羔羊3 600只，每多产羔一只，最少多收入500元，则将会增收180万元；同时推广高繁阿尔巴斯绒山羊种母羊，每只售价4 000元，比之前提高1 000元，培育6 000只，增收600万元，经济效益显著。

范例二　禁休牧+划区轮牧+舍饲生态高效养殖模式

——苏雅拉巴图

一、绒山羊高效生态养殖模式及其特点

作为鄂托克旗绒山羊高效生态养殖示范户的典型，苏雅拉巴图特别注重草原生态保护与建设，基础设施建设，品种改良，科学饲养，疫病防控。在合理利用草牧场的同时，也取得了良好的社会和经济效益。经过几年的探索和实践，基本形成了一套绒山羊高效生态养殖的优化发展模式，是以季节性休牧+划区轮牧+配方种植饲草料+科学饲喂+分群饲养+良种繁育技术为主要内容的绒山羊高效生产模式，为区域提高饲养管理技术和生态可持续利用提供了事实依据和技术支撑。

二、绒山羊高效生态养殖的关键技术

（一）禁牧休牧，划区轮牧和以草定畜

自2013年西北地区荒漠草原绒山羊高效生态养殖技术研究与示范项目实施以来，把草场生态建设当做重中之重，每20亩草原定羊1只，超载羊只全部舍饲，4—6月份牧草生长季节休牧，其他放牧季节划区轮牧，实现合理利用草场资源，最大限度的保护了荒漠半荒漠草原生态环境，有力地促进生态环境和生态文明建设。彻底改变掠夺式经营导致草原沙化、退化的生产方式。目前，草原植被覆盖度由2000年的20%提高到2017年的55%。草原生态环境实现了由严重退化向"整体遏制、局部好转"的历史性转变，形成了一套4—6月休牧舍饲，其他季节划区轮牧加补饲的崭新经营模式。

（二）划区轮牧

采取"两季九区制"，即冬春季四区、夏秋季四区、禁牧建设一区（至少三年）；从休牧结束后的7月1日至翌年4月1日实行划区轮牧，即夏秋季为96d（7月1日至10月4日）、冬春季为178d（10月5日至翌年3月31日）（图2-2-1，表2-2-1）。

图2-2-1　划区轮牧草场

表2-2-1　划区轮牧设计

草原类（亚类）		放牧频率（次）	轮牧周期（天）	小区放牧天数（天）	小区数目（个）
荒漠草原	夏秋季	2	48	12	4
	冬春季	1	0	44～45	4
草原化荒漠	夏秋季	2	48	12	4
	冬春季	1	0	44～45	4
沙地草原	夏秋季	2	48	16	3
	冬春季	1	0	59～60	3

（三）饲草配方种植

通过人工草地建设（图2-2-2），改变了依赖天然草原的生产习惯，向种草养畜发展，由粗放的散养向规模高效养殖发展，由牲畜一季出栏，向四季出栏发展。同时调整饲草料种植结构，在不断扩大人工饲草地的同时，按照牲畜营养需要实行"配方种草"，饲草料种植基地满足机械化作业和喷灌机械运行的要求。在新增水地以种植多年生优良牧草为主，同时配套乔灌木防护林带和田间作业道路，种植结构为养而种，且耕、种、收、贮等重点生产环节实现机械化。改变了过去有啥喂啥为现在的羊需要什么就种植什么的局面。根据绒山羊营养需要，合理安排种植结构，按照6∶2∶2比例种植紫花苜蓿、饲料玉米、青贮玉米，实行了分群饲养，配方饲喂，保证营养平衡，繁殖群能正常的配种繁殖，羔羊生长发育良好。

图2-2-2　人工饲草料地

（四）绒山羊的选育提高

以阿尔巴斯白绒山羊举世闻名的优秀品质，按照绒肉同抓理念，在控制羊绒细度的基础上，提高产绒量、产肉量和产羔率（图2-2-3）。开展绒山羊整群鉴定工作，根据鉴定结果，严格选留淘汰。按20%的比例淘汰劣质母羊，保证畜群的高效生产。饲养的绒山羊个体体格大、产绒量高、羊绒品质好，个体平均产绒量达到850g（图2-2-4），产羔率达140%以上加强种公羊的单独管理、不同畜（群）羊分群管理和幼畜早期培育。开展选种选配，不断提纯复壮，提高生产性能。

图2-2-3　羔羊称重　　　　　　　　　　　　　　图2-2-4　测羊绒长度

（五）绒山羊高效繁殖

1.调整畜群结构

首先优化畜群结构，淘汰劣质母羊，能繁母羊占畜群总数的80％以上，提高基础母羊的营养水平，分群管理，为高产高效奠定基础。

2.改进配种技术

通过选择适宜的配种时间，10月配种，配种前30天对种公羊和母羊进行补料，通过大倍稀释人工授精简易输精技术集中配种，集中产羔，7月羔羊集中断奶分群管理，达到一年一胎150％的产羔率（图2-2-5），提高繁殖率降低了劳动强度，增加养殖效益。

3.提高出栏量

在休牧、怀孕哺乳期间，实行精料、优质牧草（青贮）足量补饲，全混合日粮饲喂，由牲畜一季出栏，向四季出栏发展。绒山羊数量由300只增加到1 100只，平均产绒量由600提高到850g，产羔率由85％提高到150％，繁殖成活率由85％提高到98％。

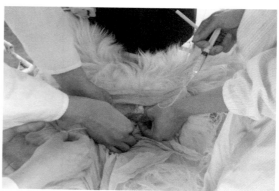

图2-2-5　人工授精、集中配种

（六）中草药四季保健的合理应用

根据中草药祛病治本，扶正祛邪，未病先防，对症治疗，治病寻因，辩证论治的原则。羊驱虫后7～10d灌服凉药（中草药）具体用药原则：春季用祛瘟舒肝散，以疏肝泻胆，祛风清瘟解毒，健脾开胃；夏季用清解益气散，以清热解暑益气清心；秋季用清肺养阴散，以养阴润肺，止咳化燥，健脾化食；冬季用温阳固本散，以温阳散寒，化气除湿为主。预防病毒感染，消除疾患，增强免疫力，健胃消食，促进生长，代替抗生素，减少残留，绿色生产，达到预防疾病的目的，从而提高绒山羊整体生产性能（图2-2-6）。

图2-2-6　羔羊防疫

（七）疫病防控

坚持"预防为主，防控结合"的方针（图2-2-7）。对口蹄疫、小反刍兽疫、羊痘等重大动物疫病采取了"春秋两季集中免疫、常年实施补针"的措施，免疫率达到100%。一是把"改善饲养管理""加强家畜卫生""结合药物防治"三者密切结合起来。二是定期灌服中草药来调理绒山羊机体体质适应环境变化及抵抗外部侵袭，保持羊群的正常生长，达到预防病毒感染，消除疾患，增强免疫力，健胃消食，促进生长，代替抗生素，减少残留，绿色生产，达到预防疾病的目的，从而提高绒山羊整体生产性能。

图2-2-7　疫病防控

三、基础设施及配套建设

已建成标准化棚舍500m²、贮草棚400m²、青贮窖120m³、饲草料调制室60m²和农机库40m²（图2-2-8），彻底改变了饲草露天堆放，简易棚饲养的粗放做法。承包草牧场26 000亩（其中流转草场16 000亩），饲草料基地960亩，其中种植籽实玉米300亩，青贮玉米60亩，紫花苜蓿600亩，冬春储备的饲草的损失率至少能下降20%，羊的繁殖成活率可提高10%。农机具基本配套，人工草地配备了喷灌机和成套农机具，有机电井2眼，水塔2座，维蒙特喷灌4台，保尔喷灌1台，饲草料种植、收储、加工向全程机械化作业推进（图2-2-9），提高了生产效率，降低了劳动强度。

图2-2-8　标准化棚舍

图2-2-9　饲草料地收割

四、效益分析及示范效果

苏亚拉巴图是阿尔巴斯苏木赛乌素嘎查牧民，全家6口人，有劳动力2人。注重选种、选配和人工授精，粗饲料加工配制利用，划区轮牧、幼畜早期培育、疫病防控等技术，使得畜群的生产性能得到了大幅度提高，饲养的绒山羊个体体格大、产绒量高、羊绒品质好，个体平均产绒量达到850g（图2-2-10），年繁殖1 200多只羔羊，产羔率150％，繁殖成活率99％，

图2-2-10　绒山羊获奖

全年纯收入在60万元左右，是我旗白绒山羊核心户之一，每年生产优质种公羊200只，优质母羊500只，全部提供给了周边的农牧民，为周边的养殖户起到良好的示范带动作用，取得了良好的社会和经济效益。

范例三　禁休牧+划区轮牧+舍饲+高繁生态高效养殖模式

——那仁德力格尔

那仁德力格尔，男，42岁，蒙古族，高中文化，牧民，现住鄂托克旗阿尔巴斯苏木呼和陶勒盖嘎查，全家3口人（图2-3-1）。目前他家自养的300只阿尔巴斯白绒山羊基础母羊，两年产三茬羔，每茬繁殖率达到140%，年繁育阿尔巴斯白绒山羊羔羊700多只，平均个体产绒量达到900g，羊绒细度达到15μm以下。2017年全年收入达到了80万元、纯收入55万元。

图2-3-1　牧户住房

一、绒山羊高效生态养殖模式及其特点

该项目户注重草原生态保护与建设，基础设施建设，品种改良，科学饲养，高效繁殖技术，疫病防控。经过几年的探索和实践，基本形成了一套绒山羊高效生态养殖的优化发展模式。一是由传统放牧养畜向季节性休牧+划区轮牧转变，由秸秆养畜向种草种青贮养畜转变；二是根据绒山羊的营养需求，配方种植饲草料；三是分群饲养，幼畜早期培育和快速肥育相结合的管理方式；四是饲草料合理搭配饲喂；五是持久的育种改良繁育，形成了提高饲养管理和标准化生产水平较高的高效生态养殖模式。

二、绒山羊高效生态养殖的关键技术

（一）禁牧休牧，划区轮牧和以草定畜

按照以草定畜，每20亩草原定羊1只，超载羊只全部舍饲，4—6月牧草生长季节休牧，其他放牧季节划区轮牧（图2-3-2），实现合理地利用草场资源，最大限度地保护了荒漠半荒漠草原生态环境，有力地促进生态环境和生态文明建设，彻底改变掠夺式经营导致草原沙化、退化的生产方式。目前，草原植被覆盖度由2000年的30%提高到2017年的65%。草原生态环境实现了由严重退化向"整体遏制、局部好转"的历史性转变，形成了一套4—6月份休牧舍饲，其他季节划区轮牧加补饲的崭新经营模式。划区轮牧采取"两季九区制"，即冬春季四区、夏秋季四区、禁牧建设一区（至少三年）；

从休牧结束后的7月1日至翌年4月1日实行划区轮牧，即夏秋季为96d（7月1日至10月4日）、冬春季为178d（10月5日至翌年3月31日）。

（二）饲草配方种植

图2-3-2 划区轮牧草地

科学饲养，提高畜牧业的科技含量，通过人工草地开发，改变了依赖天然草原的生产习惯，向种草养畜发展，由粗放的散养向规模高效养殖发展，由牲畜一季出栏，向四季出栏发展。按照牲畜营养需求实行"配方种草"，以种植多年生优良牧草为主，同时配套乔灌木防护林带和田间作业道路，种植结构为养而种，且耕、种、收、贮等重点生产环节实现机械化（图2-3-3）。改变了过去有啥喂啥为现在的羊需要什么就种植什么的局面。承包草牧场10 000亩，建立人工草地100亩，合理安排种植结构，按照6：2：2比例种植紫花苜蓿、饲料玉米、青贮玉米，实行了分群饲养，配方饲喂，保证营养平衡，繁殖群能正常的配种繁殖，羔羊生长发育良好。

图2-3-3 卷盘式喷灌设备

（三）绒山羊的选育

开展绒山羊整群鉴定工作，根据鉴定结果，严格选留淘汰（图2-3-4）。加强种公羊的单独管理、不同畜别羊分群管理和幼畜早期培育。开展选种选配，不断提纯复壮，提高生产性能。

（四）绒山羊高效繁殖

1.基础母羊高效繁殖技术

图2-3-4 测量羊毛长度

（1）调整畜群结构。首先优化畜群结构，淘汰劣质母羊，能繁母羊占畜群总数的75%以上，提高基础母羊的营养水平，分群管理，为一年两产或两年三产奠定良好的基础。

（2）绒山羊中草药集中催情技术。使用中草药（生殖催情散）对绒山羊进行诱导发情，普及人工授精技术，提高繁殖率和改进羊群品质均具有实践意义。从而建立绒山羊两年三产模式，促进增产增收（图2-3-5）。

（3）繁殖方案。在技术人员的指导下，基础母羊全部实施同期发情、人工授精，其繁殖技术流程如下图（图2-3-6）：

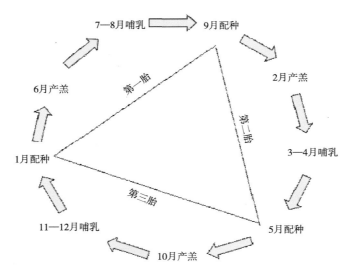

图2-3-5　基础母羊繁殖示意

基础母羊──→放牧＋常年补饲──→同期发情、人工授精──→一年两产、两年三产──→
哺乳3个月──→基础母羊

图2-3-6　基础母羊繁殖技术流程

2. 选择适宜的配种时间，配种前30天对种公羊和母羊进行补料，通过稀释人工授精简易输精技术集中配种（图2-3-7），集中产羔，羔羊集中断奶分群管理，达到两年三产的效果，提高繁殖率降低了劳动强度，提高养殖效益（图2-3-8）。

3. 在休牧、怀孕哺乳期间，实行精料、优质牧草（青贮）足量补饲，全混合日粮饲喂，由牲畜一季出栏，向四季出栏发展。绒山羊数量由300只增加到850只，平均产绒量由650g提高到900g，产羔率由85%提高到150%，繁殖成活率由85%提高到98%。

图2-3-7　简易输精　　　　　　　　图2-3-8　绒山羊　基础母羊畜群

（五）羔羊育肥

羔羊出生后，应尽早吃到初乳，预防羔羊痢疾、肺炎、口疮病的发生。7日龄后训练其采食苜蓿和羔羊哺乳料，日补饲25～100g。1—3月龄日补饲哺乳料100～200g（图2-3-9），自由采食苜蓿草、自由饮水，加强育肥舍清扫和消毒，保持羊舍干燥、通风，为羔羊提供良好的生长环境。

图2-3-9 舍饲喂养

羔羊3月龄断奶，按羔羊体质分群，采用高蛋白、高能量全价饲料育肥，育肥期5个月，体重达到30kg以上出栏（图2-3-10）。在羔羊育肥期间接种羊三联四防疫苗、驱虫、灌服凉药。

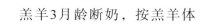

羔羊出生━━▶1—3月龄哺乳+补饲━━▶3月龄断奶━━▶4—8月龄全舍饲育肥（5个月）━━▶出栏━━▶屠宰加工企业收购

图2-3-10 羔羊育肥技术流程

（六）疫病防控及中草药保健

坚持"预防为主，防控结合"的方针。对口蹄疫、小反刍兽疫、羊痘等重大动物疫病采取了"春秋两季集中免疫、常年实施补针"的措施，免疫率达到100%。一是把"改善饲养管理，加强家畜卫生，结合药物防治"三者密切结合起来。二是根据中草药祛病治本，扶正祛邪，未病先防，对症治疗，治病寻因，辩证论治的原则，定期灌服中草药来调理绒山羊机体体质适应环境变化及抵抗外部侵袭，保持羊群的正常生长，达到预防病毒感染，消除疾患，增强免疫力，健胃消食，促进生长，代替抗生素，减少残留，绿色生产，达到预防疾病的目的，从而提高绒山羊整体生产性能。

在羊驱虫后7～10d灌服中草药（凉药），具体用药原则（图2-3-11）：春季用祛瘟舒肝散，以疏肝泻胆，祛风清瘟解

图2-3-11 灌服中草药

毒，健脾开胃；夏季用清解益气散，以清热解暑益气清心；秋季用清肺养阴散，以养阴润肺，止咳化燥，健脾化食；冬季用温阳固本散，以温阳散寒，化气除湿为主。预防病毒感染，消除疾患，增强免疫力，健胃消食，促进生长，代替抗生素，减少残留，绿色生产，达到预防疾病的目的，从而提高绒山羊整体生产性能。

三、基础设施及配套建设

已建成标准化棚舍400m²（图2-3-12）、现有畜棚500m²，饲草料调制室60m²，贮草棚400m²，农机库40m²，青贮窖120m³。有机电井2眼，水塔1座。冬春储备的饲草的损失率至少能下降20%，羊的繁殖成活率可提高10%，同时还可确保饲养量不断增大。人工草地配备了喷灌机和成套农机具，饲草料种植、收储、加工向全程机械化作业推进，提高了生产效率，降低了劳动强度。

图2-3-12　标准化棚舍

四、效益分析及示范效果

自2013年被列为西北地区荒漠草原绒山羊高效生态养殖示范户以来，特别注重科学饲养，加强了基础设施建设，种植优质牧草，全部用于配方饲喂，使畜群整体产出效益有了更进一步的提高。同时充分开发阿尔巴斯白绒山羊的优秀种质资源，按照绒肉同抓理念，在控制羊绒细度的基础上，提高产绒量、产肉量和产羔率。注重选种、选配，采用同期发情和人工授精，营养调控，粗饲料加工配制利用，划区轮牧，疫病防控等技术，使得畜群的生产性能得到了大幅度提高。积极开展阿尔巴斯白绒山羊两年三产繁育模式和羔羊短期育肥技术的示范，提高阿尔巴斯白绒山羊出栏率，减轻草原载畜量，保

护草原生态环境。开展整群鉴定工作，按20%的比例淘汰劣质母羊，保证畜群的高效生
产。饲养的绒山羊个体体格大、产绒量高、羊绒品质好，个体平均产绒量达到900g，产
羔率达140%以上（图2-3-13），是鄂托克旗白绒山羊核心户之一。同时引进示范阿尔
巴斯白绒山羊自动饲喂机械，减轻劳动强度，提高劳动生产率，年纯收入达到55万元，
为周边农牧民起到良好的示范带动作用，带来可观的经济效益。

图2-3-13　阿尔巴斯白绒山羊

内蒙古鄂尔多斯市杭锦旗白绒山羊——农牧结合高效生态养殖模式

一、地理位置及社会经济概况

杭锦旗位于内蒙古自治区鄂尔多斯市西北部,地跨鄂尔多斯高原与河套平原,黄河自西向东流经全旗242km,库布其沙漠横亘东西,将全旗自然划分为北部沿河区和南部梁外区。地理坐标位于东经116°55′16″~109°16′08″、北纬39°22′22″~40°52′47″。杭锦旗辖5个镇(锡尼镇、巴拉贡镇、呼和木独镇、吉日嘎朗图镇、独贵塔拉镇)、1个苏木(伊和乌素苏木)、1个管委会(塔然高勒管委会),共辖76个嘎查村,10个社区居委会。总面积1.89万km²,总人口14.6万,其中蒙古族人口2.7万。是一个以蒙古族为主体,汉族占多数的少数民族地区。2016年完成地区生产总值100.23亿元,其中:第一产业增加值19.21亿元,第二产业增加值40.78亿元,第三产业增加值40.24亿元,全旗地方财政总收入累计完成159 450万元,农作物总播面积117.9万亩,粮食产量386 036t,牧业年度(6月30日)牲畜头数2 016 335头(只),其中,生猪存栏5.7万口,牛存栏3.7万头,羊存栏190万只;农村牧区常住居民人均可支配收入实现15 354元。

杭锦旗绒山羊核心产区位于杭锦旗伊和乌素苏木,伊和乌素苏木位于鄂尔多斯西北部,地势平坦、草原辽阔。境内有鄂尔多斯最长的内陆河——摩林河,故又名摩林河草原。全苏木总面积5 400km²,有可利用天然草牧场820万亩(图3-0-1),水浇地8万亩,待开发宜农土地60余万亩。苏木下辖12个嘎查,2个社区,

图3-0-1　放牧场

总户数5 487户，总人口21 564人，其中，少数民族人口4 826人，是一个以蒙古族为主体，汉族占多数农牧并举的牧业苏木。畜牧业是伊和乌素苏木的主导产业，随着产业结构的调整，形成了以杭锦白绒山羊养殖为主，肉牛、肉羊等养殖多措并举的畜牧业新格局。年生产优质山羊绒50万kg、纯天然牛羊肉300万kg、各类皮张30余万张。

二、饲草料供给及生态保护现状

杭锦旗坚持开展草原生态建设，"休牧"、"禁牧"与"舍饲圈养"是目前杭锦旗改善天然草地植被状况的主要措施。由于放牧家畜饲草主要来源于草原，禁牧或休牧后家畜的饲草短缺问题更加突出。为此，建设高产、高效的人工饲草基地（图3-0-2），进行农牧结合、以农促牧，是解决当地草畜矛盾的重要途径，也是提高畜牧业抗灾能力，实现农牧业稳定、可持续发展的需要。从2002年起，通过国家退牧还草工程、退耕还草、京津风沙源二期治理工程等项目实施，杭锦旗天然草地植被平均盖度提高了15个百分点以上，目前达到了45%以上，平均地上生物量每亩提高了15kg。草原退化趋势得到了明显的遏制，生态环境得到了自然恢复，草群密度加大，草群结构得到明显改善（图3-0-3），一年生牧草和毒草减少，多年生优质牧草相对增加，群落稳定，草原生物多样性好转，初步实现了草原生态植被明显好转和畜牧业可持续发展。

图3-0-2　饲草料草地

截止目前，杭锦旗天然草牧场面积2 000.54万亩，累计完成水地种植优质牧草7万亩，旱作种草100万亩，玉米50万亩，青贮玉米16万亩，解决了舍饲圈养饲草料短缺问题。

三、绒山羊资源保护与利用现状

绒山羊是棉杭旗的主导畜种，白绒山羊也是全国绒山羊养殖区的重要种源基地。

近年来，市旗两级政府重视改良，抓住关键，建立健全良繁体系，种畜禽监测体系和技术推广体系，有力促进了我旗绒山羊产业健康、绿色、安全、高效发展。到目前为止，绒山羊饲养量已达175万只（图3-0-4），

图3-0-3　羊舍

年创产值10亿元以上。

杭锦旗白绒山羊属于内蒙古白绒山羊阿尔巴斯型，具有体格大，繁殖率高，产绒量高，羊绒细，肉质好，发病率低，抗病力强，耐粗饲，适应性能强等优点。在自治区、市、旗畜牧部门科技人员的指导和支持下，广大农牧民群众积极配合、扎实推动，经过近30多年杂交改良，选种选育，其生产性能、羊绒品质、体尺体重、产肉性能、繁殖性能、适应性能均有显著改善和提高，各

图3-0-4　舍饲养殖羊舍

项综合性能达到全国先进水平。目前杭锦旗白绒山羊年饲养量已达到175万只，山羊育种核心群发展到235群，选育群发展到200群。羊绒细度在14～16μm，以15μm为主，平均产绒量600g以上，个别优秀成年公羊个体产绒量达到2 496g，成年母羊达到2 010g，平均绒厚达到7.2cm，净绒率达到61.5%，羊绒光泽度好，质量优良，被誉为天然纤维钻石。

为了充分挖掘和利用杭锦旗白绒山羊这一宝贵资源，棉杭旗采取各种措施对白绒山羊资源进行保护。一是坚决禁止绒山羊核心产区内引进其他品种，逐步淘汰羊绒细度不符合市场需求的种公羊，形成保护与开发相互促进的良性循环。二是加大改良投入，绒山羊以提高质量为目标，以保护种质资源，提高羊绒品质为主攻方向，提高综合生产能力。促进保、育、繁、推、管五大体系进一步完善，通过淘汰不符合品种标准个体，开展选种选配，个体选优，提高品种性能，改进羊绒细度。让山羊绒真正成为高档产品。使绒山羊和山羊绒产业发展实现良性循环（图3-0-5）。三是鼓励羊绒收购加工龙头企业要充分实行优质优价的收购政策，用提高优质绒收购价的办法刺激农牧民为其生产更多的优质原料，优质优价应充分体现，达到引导刺激农牧民生产幅度的。核心产区要建成优质原料生产基地，为优质白绒山羊保种工作创造有利条件，提高羊绒以及其制品的市场竞争力，有效保护杭锦旗白绒山羊这一优良品种资源。四是进一步优化绒山羊选育提高工作方案，逐年增加核心群的数量，扩大优质绒山羊的饲养量。建立系谱和档案，对生产性能进行详细记录、监测和测定，加强人工授精站的建设和管护，做好种公羊的调剂和配种器械的配置工作，抓好配种员的培训工作，提高优质种公羊的利用率，扩大优质种羊的繁育数量。在白绒山羊保种场和育种核心群户开展了白绒山羊胚胎移植，充分利用优秀遗传性状的个体，迅速扩繁，快速生产优秀种羊。五是开展宣传和培训，提高科学养羊水平。通过举办和参加赛羊会和现场会等多种形式，及时宣传推广改良方面的成功经验和典型，从而起到以点带面的作用，同时使农牧民对科学饲养、优质高产高效养殖业有了新的认识和应用，标准化饲养方式已逐步被广大农牧民接受，特别是梁外

硬梁区绒山羊核心产区的农牧民养殖热情不断增加，他们已经初步具备了精养羊、养好羊、打羊牌、发羊财的经营理念。

图3-0-5 舍饲养殖羊舍

四、产业发展现状及趋势

杭锦旗高度重视绒山羊产业发展，加强对养殖户的技术培训，重点推广配方饲喂、分群管理，一年两胎和两年三胎等增产增效技术，使绒山羊良种化程度达到100%，彻底改变了养殖户的生产经营方式，显著增加了农牧民收入。我旗农牧民人均来自绒山羊产业的收入达到5 000元以上。绒山羊的绒毛加工龙头企业、屠宰加工企业、养殖基地、饲草料基地、活畜交易市场、经济人队伍、专业合作组织等产业链条基本健全，产业化经营格局已基本形成。

目前，以万全种羊场，伊和乌素白绒山羊养殖合作社，巴拉贡白绒山羊养殖合作社和锡尼镇白绒山羊养殖合作社为代表，形成了"种羊场+核心群+选育群"和"合作社+核心群+选育群"等形式的绒山羊养殖模式，年可完成绒山羊改良配种50万只以上，每年向市场提供白绒山羊种公羊1万只，种母羊10万只。杭锦旗白绒山羊不仅成为当地农牧民发家致富的当家产业，而且吸引了全国绒山羊重点养殖地区的客户，目前，杭锦旗白绒山羊已销往新疆、甘肃、青海、宁夏、山西、陕西、河北、辽宁、吉林等14个省区。通过引种改良，有效促进了引种地绒山羊产业的发展。秉承"立足绒山羊产业创名牌，携手农牧民兄弟奔小康"的发展理念，杭锦旗党委、政府决心用5年的时间，力争到"十三五"后期使杭锦旗成为西北地区最大的绒山羊繁育和供种基地。

五、绒山羊高效生态养殖模式

杭锦旗在绒山羊产业发展的过程中，实行严格的禁牧、休牧、划区轮牧和草畜平衡制度，推行种草养畜，以种促养，促进了科学养殖，标准化饲养，规模化发展，产业化经营，实现了传统草原畜牧业生产经营方式的转变和草原牧民生活方式的转变，探索出一条既能解决草畜矛盾，有效利用自然资源和生产要素，发展现代生态型畜牧业，又能保护生态，不断增加农牧民收入的可持续发展之路（图3-0-6）。

图3-0-6　参观养殖场

范例一　配方饲喂+高效繁殖现代生态型家庭牧场

——秦色登

一、绒山羊高效生态养殖模式及其特点

作为现代生态家庭牧场发展的典型，秦色登注重生态建设，保护草场意识强，实行划区轮牧，植被得到明显恢复，草牧场达到有效的利用，生态效益明显提高，科学饲养及生产管理达到自治区一流水平。主要体现以下几个方面：

（一）注重生态建设，保护草场意识强，将每500亩草场化为一个小区，实行划区轮牧，决不过牧超载，草牧场得到科学有效利用。同时坚持为养而种，以种促养，实施按方种植，配方饲喂，分群管理。

（二）重视农牧业机械化，购置了全套农牧业机械，种植业从耕、种、灌溉、施肥、收割、脱粒等环节全部实现机械化。去年安装了自动化饲喂系统，实现了养殖机械化，提高了生产效率，降低了劳动强度。

（三）重视品种改良，掌握各种实用技术，采取人工授精、胚胎移植等实用科学技术，全面提高绒山羊质量，秦色登饲养的绒山羊种羊体格大、产绒量高、羊绒品质好，个体平均产绒量达到850g，是棉杭旗白绒山羊核心群户，他家生产的种羊在历届全市白绒山羊种羊比赛中，多次获奖，外地及周围的养殖户纷纷慕名前往取经。

（四）注重组织化经营。重视基础设施建设，逐渐建成了标准化棚圈、饲草料调制室、贮草棚、青贮窖，经济适用，布局合理。加入了伊和乌素白绒山羊养殖合作社，形成了"合作社+核心群+选育群"形式的绒山羊养殖模式。

二、绒山羊高效生态养殖的关键技术

（一）划区轮牧技术

划区轮牧草地10 000亩（亩产可食干草20kg）。每年4—6月休牧，放牧利用270天。10 000亩草地划分为冷季草场3 000亩，暖季草场7 000亩。冷季草场划分为6个轮牧小区，每个小区500亩；每个小区1次放牧15d，冷季从1—3月共放牧90d，轮牧1次。暖季草场7 000亩划分为10个轮牧小区，每个小区700亩；每个小区1次放牧9d，每个轮牧周期90d，暖季从7—12月共放牧180d，轮牧两次。

（二）饲草配方种植技术

合理安排种植结构，按照4：4：3比例种植饲料玉米、青贮玉米、紫花苜蓿（图3-1-1），实行了分群饲养，配方饲喂，保证营养平衡，繁殖群能正常的配种繁殖，羔羊生长发育良好。

图3-1-1　饲草料种植

（三）绒山羊的选育技术

开展绒山羊鉴定，测定绒山羊体尺体重、产绒量、绒长、绒密等生产性能，并详细记录。根据鉴定结果，严格选择和淘汰。加强优秀羊只的饲养管理和特殊培育，进行等级选择。开展选种选配，不断提纯复壮，提高生产性能。

（四）绒山羊高效繁殖技术

通过人为控制产羔时间，使羔羊生产集中、整齐，易于统一饲养管理，提高肉羊繁殖率，达到一年二胎三羔或二年三胎五羔，降低了保羔的劳动强度，提升养羊的经济效益，提高绒山羊的生产性能，为增加养殖效益奠定基础。

（五）全混合日粮饲喂技术

根据绒山羊在不同生长发育阶段的营养需要，按营养专家设计的日粮配方，用特制的搅拌机对日粮分进行搅拌、切割、混合和饲喂。

三、基础设施及配套建设

现经营草牧场10 500亩（其中，流转草场8 000亩），经营饲草料基地320亩，其中，种植籽实玉米120亩，青贮玉米100亩，紫花苜蓿100亩，现有畜棚400m²（图3-1-2），饲草料调制室50m²，贮草棚300m²，农机库100m²，青贮窖200m³。农机具基本配套，有机电井2眼，维蒙特喷灌1台，保尔喷灌1台。

图3-1-2 标准化棚圈

四、效益分析及示范效果

为了节约水地，做到各种饲草料不过剩也不浪费，要配方种植饲草料。按照全年羊的饲养量，每只羊需种植饲用玉米0.11亩，紫花苜蓿0.08亩，青贮玉米0.05亩，种植比例为2.2∶1.6∶1。每只山羊需种植饲用玉米0.08亩，紫花苜蓿0.08亩，青贮玉米0.05亩。如此种植，既能满足羊的营养需要，达到正常生产水平，又能做到饲用玉米、秸秆、苜蓿、青贮玉米不过剩，不浪费。每亩灌溉地可养4.5只绒山羊，毛收入达到1 100元，纯收入800元，是种地打粮的1倍。年出栏羊1 200只以上，收入20万元以上。

他家生产的种羊体格大、产绒量高、羊绒品质好，个体平均产绒量达到850g，是杭锦旗白绒山羊核心育种户（图3-1-3，图3-1-4）。作为2013年起实施国家公益性行业（农业）科研专项——西北地区荒漠草原绒山羊高效生态养殖技术研究与示范项目示范户，取得了良好的试验示范成效。

图3-1-3 家庭牧场标牌

图3-1-4 家庭牧场

范例二 "两高一优"绒山羊高效生态养殖

——万全种养殖有限公司

鄂尔多斯市万全种养殖有限责任公司白绒山羊种羊场始建于1996年3月，位于杭锦旗伊和乌素苏木境内。公司下设的白绒山羊种羊场是一处集育种、繁育、示范、推广为一体的优质白绒山羊种羊高繁高产繁育基地，是鄂尔多斯市级重点种羊场。现有四处畜群点，每个畜群点都建有固定的砖木结构羊舍、暖棚，贮草棚，饲草料贮存室，牧工房和人畜饮水井。公司共有羊舍棚圈建筑总面积为5 000m^2，拥有草场2.3万亩，饲草料基地1 000亩，基础设施完备，机械设备配套齐全。目前，公司现有职工11人，其中有技术人员5名，均具有大专以上学历，从事育种、繁育、饲养管理、疫病防治，具有丰富的实践经验，技术力量比较雄厚（图3-2-1）。同时，该白绒山羊种羊场种养技术主要依托鄂尔多斯市及杭锦旗家畜改良工作站，同时与内蒙古自治区农牧科学院、内蒙古改良站建立了密切的业务往来，2013年起被国家公益性行业（农业）科研专项——西北地区荒漠草原绒山羊高效生态养殖技术研究与示范项目作为示范基地之一。

图3-2-1 参观种羊场

一、绒山羊高效生态养殖模式及其特点

本公司经营及生产的内蒙古白绒山羊（阿尔巴斯型）（图3-2-2），是经过长期的自然选择和人工选育而形成的地方良种，是世界一流的绒肉兼用型品种，具有体格大、繁殖率高、产绒量高、羊绒细、肉质好、发病率低、抗病力强、耐粗饲、适应性强等优点（图3-2-3）。公司采用科学的管理方法，重视基础设施建设，具有标准化棚圈、饲草料调制室、贮草棚、青贮窖，实现了耕、种、灌溉、施肥、收割、脱粒等种植环节全部机械化。放牧草场实行划区轮牧，使草牧场得到更新复壮，修生养息的机会，植被得到明显恢复，生态效益明显提高。同时，坚持种养结合，为养而种，以种促养，以种定草，以草定畜，实施按方种植人工饲草料地，配方饲喂，组建优质高繁核心群，分群管理，饲养管理达到自治区一流水平。主要内容如下：

图3-2-2 白绒山羊种公羊

图3-2-3 放牧绒山羊长绒情况调查

（一）重视基础设施建设

基础设施是发展养殖业的必要条件和有力保障。标准化棚圈、饲草料调制室、贮草棚、青贮窖等既经济适用，又布局合理。安装了喷灌设施，在播种、收获、青贮等主要生产环节中雇用当地的农机服务队，畜牧业生产基本实现了机械化，从而提高了生产效率，降低了劳动强度。

（二）注重生态建设

草场保护意识很强，将自己的草场每500亩化为一个小区，实行划区轮牧，决不过牧超载，使草牧场得到了更新复壮，修生养息的机会，草牧场达到有效的保护，植被得到明显恢复，生态效益明显提高。

（三）注重先进技术的集成应用

生产中采用种草养畜、配方饲喂，分群管理，一年两胎和两年三胎，标准化饲养，棚圈建设，疫病防治等生产经营管理技术，坚持引进与自然繁育相结合的畜种改良方式，强制淘汰劣质及不合格种畜，精心打造品种优势，增加牲畜改良的科技含量，采取冷配、人工授精、胚胎移植等适用科学技术，全面提高改良质量，不断加快改良进度。

二、绒山羊高效生态养殖的关键技术

（一）种羊选育

种羊选种实施选育计划和选育方法，同时还制定了配种制度和生产性能测定方案。在种羊生产中，选留种公羊是从白绒山羊最优秀的个体中挑选出来的，而且系谱清楚。在种羊生产中，一直保持合理的畜群结构，成年公母羊，育成公母羊及断乳后公、母羔羊，分别单独组群进行饲养管理。种羊实行科学饲养管理，并有健全的饲养管理制度。

（二）饲草高效利用技术

利用苜蓿、青贮及少量添加剂解决蛋白质等营养素缺乏的问题，玉米+苜蓿+青贮+秸秆养肉羊比秸秆养羊提高效益96%，比配合饲料+秸秆养羊提高效益67%（图3-2-4）。

图3-2-4　青贮玉米饲草地

（三）分群饲养、肥羔生产、快速育肥相结合的管理模式

公母分群、基础母羊与肥羔、育成羊分群，分群是实施肥羔生产、快速育肥的基础。羔羊在哺乳期，每1.75kg合理搭配的草料可增加0.5kg活重，4~6月龄2.75kg合理搭配的饲草料可增加1斤活重，而成年羊3.5~4kg合理搭配的饲草料可增加1斤活重，所以，肥羔生产是提高肉羊养殖效益的关键措施，育肥1只肥羔纯收入在180元以上，不做种用的羔羊要全部生产肥羔（图3-2-5）。

图3-2-5　养殖场内部建设

三、基础设施及配套建设

加强基础设施建设：公司已建成绒毛交易市场3 000m²，硬化地坪2 000m²；绒毛仓储库房3 000m²；公司自有饲草料种植示范基地1 200亩，白绒山羊种羊养殖示范基地2处，养殖白绒山羊种羊3 800只。现已建成标准化羊舍10 000多m²，羊运动场15 000多m²；青贮窖300m³；办公室、兽医医疗室、人工配种站900m²；有屠宰加工车间一处，冷藏冷冻库100m²；农牧业机械20多台套（图3-2-6）。

图3-2-6　标准化棚圈

四、效益分析及示范效果

多年来，公司实行"公司+基地+农牧户"连接市场的经营模式，形成种植、养殖、加工、销售为一体的产业链。在公司羊绒交易市场的带动下，彻底解决了当地牧民卖绒难的困难。项目直接带动500户农牧民从事优质白绒山羊养殖生产，仅绒毛收入1项，户均增收1万元，人均增收3 000元。

截至2016年12月公司已向社会提供良种公羊2万只，良种母羊230万只，肉羊5万多只。除满足市内种羊需求外，还远销新疆、青海、甘肃、宁夏、陕西、山西、河北、北京、辽宁等地，对提高当地山羊性能及改善羊绒综合品质方面发挥了重要作用，有力带动当地农牧民脱贫致富。种羊场的不断发展壮大对于繁荣地方经济、增加农牧民收入、增强地方财力做出了贡献，同时带来了可观的经济效益，良好的社会、生态效益。

模式四

内蒙古阿拉善盟绒山羊——放牧+补饲高效生态养殖模式

一、地理位置及社会经济概况

阿拉善盟位于内蒙古自治区西部的阿拉善高原，地处东经97°10′～106°52′；北纬37°21′～42°47′，东部与乌拉特中旗相连，北部与蒙古人民共和国交界，南部、西部与宁夏、甘肃、陕西相连；总面积27万km²，下辖阿拉善左旗、阿拉善右旗、额济纳旗三个牧业旗以及腾格里农业开发区、乌兰布和沙产业示范区、阿拉善经济开发区三个县级区，人口24万，是内蒙古自治区面积最大、人口最少的盟。阿拉善白绒山羊和双峰驼是阿拉善盟荒漠草原牧区的两大当家畜种。其中，阿拉善白绒山羊是世界上羊绒质量最好的山羊品种，细度和长度指标在同类品种中独树一帜，是当地农牧业经济发展的优势畜种和重要民生产业，在稳定边疆、扩大出口、增加就业、提高农牧民收入等方面发挥着重要作用。2013年，全盟牧区从事畜牧业生产有2.18万人，年产山羊原绒360t，年出栏商品羊25万只，年产值达3.9亿元，人均产值1.79万元。

改革开放以来，由于牲畜承包到户及市场经济促动，羊绒价格成倍增长，激发了牧民群众饲养白绒山羊的积极性，使阿拉善白绒山羊有了前所未有的发展。阿拉善盟从1988年的75.5万只，发展到2008年的120.79万只。近年来，全盟牧区全面落实草原奖补政策，实施禁牧和以草定畜措施，白绒山羊存栏数量逐步控制在100万只左右（图4-0-1）。

图4-0-1　绒山羊放牧场

二、饲草料供给及生态保护现状

阿拉善盟草场总面积2.8亿亩，为沙漠、戈壁相间的荒漠、半荒漠地区，海拔在900~1 400m，区域起伏不大，全年风大沙多，干旱少雨，缺乏地下水源，平均气温为6~9℃，最高37~45℃，最低零下25~30℃，全年日照时数3 400小时，无霜期140~160d，降雨集中在7—9月，年降水量40~200mm，蒸发量为2 700~3 700mm，蒸发量为降水量的10~33倍，相对湿度35%左右。地域辽阔，草场多为起伏梁地，沙漠、高山、丘陵、戈壁、亚高山草甸草原类型。植被以旱生、超旱生的灌木、半灌木植被为主体，当年生禾本科植被为辅的草原植被（图4-0-2，图4-0-3），属极端干旱和干旱荒漠地区，降水稀少，风大沙多。降水量从东南部的200多毫米向西北部递减至40mm以下，而蒸发量由东南部的2 400mm向西北部递增到4 700mm。阿拉善荒漠草原具有独特的地貌特征和无法替代的生态、生产功能。在荒漠植被中被自治区人民政府列入《内蒙古珍稀濒危保护植物名录》的就有45种，具有丰富的植物多样性。"十二五"期间，全盟累计草原保护和建设总规模达到7 175万亩，其中：人工种植饲草料达到598万亩、建设围栏3 361万亩、改良草地360万亩，防治草原鼠害1 460万亩、防治草原虫害1 396万亩。全盟草原退化趋势得到较好遏制，防风、固沙效果明显提高。

图4-0-2　红砂　　　　　　　　　　　　　图4-0-3　沙葱

全盟耕地面积约70万亩，农作物总播面积48.5万亩，其中粮食作物28.8万亩，粮食总产量18.6万吨，瓜果、油料、蔬菜等经济作物近20万亩，农副产品丰富。苜蓿等优质牧草种植达到20万亩。全盟30个苏木（镇）、198个嘎查（村），其中32个农业嘎查，31个半农半牧嘎查，135个牧业嘎查，经营农牧业的人口5.2万人，牧区生产事畜牧业生产有2.18万人，已建成生态家庭牧场2 287个，新型家庭农牧场56个，标准化养殖场144个。

三、绒山羊资源保护与利用现状

阿拉善型白绒山羊是干旱荒漠草原特有的绒肉兼用型地方优良畜种，1988年4月，自治区人民政府正式验收命名。2000年8月，被列入第一批国家级畜禽品种资源保护名录，是农业部明令禁止出口的畜种之一。2008年9月，农业部批准在阿左旗建立国家级内蒙古白绒山羊阿拉善型保护区和保种场。阿拉善白绒山羊浑身是宝，所产山羊绒因纤维细长、光泽好、强度大、白度高、手感柔软，综合品质优良，而享有"纤维钻石""白中白"等世界美誉，堪称羊绒极品。曾荣获中国第二届农业博览会金奖和意大利国际山羊绒"柴格那"奖，是国际羊绒纺织界高端产品加工企业青睐的原料。阿拉善盟天然草原生态环境洁净，耐旱、耐寒、耐盐碱、抗风沙的天然植物比较丰富，牧区生产的白绒山羊肉食具有无膻味、高蛋白、低脂肪、低胆固醇、营养丰富、口味鲜美的特点，是深受消费者喜爱的高端有机食品。2011年8月，阿拉善白绒山羊经农业部认证并颁发了农产品原产地地理标志登记证书。

2013年，内蒙古自治区人民政府出台了《关于振兴羊绒产业的意见》（内政发〔2013〕74号），2015年，阿拉善盟行政公署印发了《关于推进白绒山羊产业发展的实施意见》（阿署发〔2015〕62号），以落实牧区"草畜平衡"工作为契机，以市场为导向，以技术创新为突破口，以保护优质品种资源和发展产业化园区为依托，积极培育以重点企业为龙头，专业合作社为纽带，保护区牧户为基地，科研推广部门为支撑的阿拉善高端白绒山羊产业发展体系，大力实施"质量＋商标＋品牌"三位一体现代特色农牧业发展战略。推动阿拉善白绒山羊产业协调发展，实现高端产品市场优质优价，促进传统草原畜牧业向"草原增绿、资源增值、企业增效、牧民增收"可持续发展的方式转变。分区域集中投入建设11个高科技标准化示范养殖区，其中：符合"1396"型（羊绒细度≤13.99μm、拉直长度≥96mm）白绒山羊标准化示范养殖区4个（阿拉善左旗吉兰泰、诺尔公；阿拉善右旗雅布赖；额济纳旗温图高勒）；符合"1450"型（羊绒细度≤14.5μm、拉直长度≥50mm）白绒山羊标准化示范养殖区6个（阿拉善左旗敖伦布拉格、银根、乌力吉；阿拉善右旗巴彦高勒、阿拉腾朝格；额济纳旗赛汗陶来）；白绒山羊与北山羊远缘杂交育种示范养殖区1个（额济南旗马鬃山）。为提升阿拉善白绒山羊产业整体发展水平和市场竞争力，深入实施白绒山羊提质工程，扎实推动阿拉善白绒山羊产业发展，最终实现优质优价，提高阿拉善绒山羊产业健康持续的发展提供了资金支持和政策保障。

目前，初步建成绒山羊三级繁育体系；形成以蒙绒集团、嘉利绒业、鄂托克旗伊吉汗、阿拉善新希望绒业为龙头的无毛绒分梳和毛条、纺纱生产加工，以蒙绒集团、内蒙古正能量、意大利罗洛皮雅纳公司为龙头的高端羊绒产品的研发和加工，以阿拉善游牧天地牧业发展有限公司、阿拉善盟华雨伊族牧业有限责任公司、内蒙古鑫牧源经济发展有限责任公司、内蒙古苍天牧歌生物科技公司为龙头的高端有机羊肉产品开发和生产加工的产业体系（图4-0-4，图4-0-5）。现已建成白绒山羊保种场11个，人工授精站35个，组建14.5μm以下细度核心群120个，生态家庭牧场300多个。能繁母羊良种比例达到78%以上，种公羊良种比例达到98%以上。筹建了内蒙古蒙绒产业研究

院，阿拉善产地绒毛纤维检验中心。成功举办了两届"苍天圣地·白中白"种羊评比大会和"首届阿拉善优质羊绒拍卖会"，蒙绒产业园一期工程项目基本完成（图4-0-6，图4-0-7）。

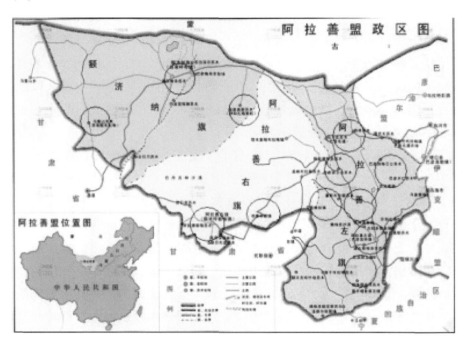

图4-0-4　白绒山羊育种核心区域

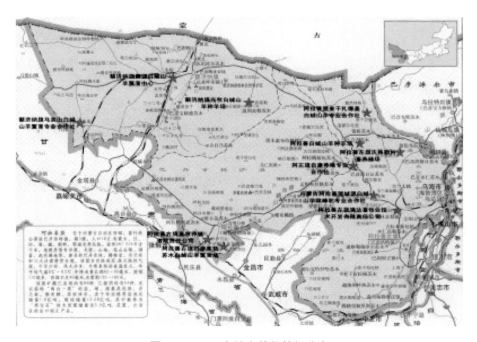

图4-0-5　11个绒山羊保护场分布

图4-0-6　阿拉善白绒山羊产业发展交流会

图4-0-7　基地参观

　　2013—2017年阿拉善盟组织开展阿拉善白绒山羊绒细度检测工作，深入合作社成员户实地开展羊绒采集、检测、佩戴电子标识等基础工作，共检测鉴定种羊284 713只，其中羊绒纤维细度在14.5μm以内122 256只，占总数42.94%。按照GB18267-2000《山羊绒》细度等级分为特细型（≤14.5μm），细型（14.5～16μm），粗型（≥16μm）三个等级的划分，阿拉善白绒山羊绒特细型比例高（表4-0-1）。

　　为了有效的提高阿拉善白绒山羊经济价值，打造绒毛产业中的品牌，建立了绒毛检测机制和追溯体系，实施分部位抓绒，分级包装；引入国内外绒毛收购企业，优质优价直接收购，取缔中间收购环节，改变了原始收购方式，2017年优质优价收购原绒高于市场价格60～120元/kg，促进了优质白绒山羊养殖的积极性，改变了养殖户以产量和数量提高经济收入传统养殖观念。阿左旗和阿右旗的部分优质羊绒先后荣获意大利诺悠翱雅公司颁发的2015年、2016年、2017年度羊绒质量冠军大奖，每千克原绒收购价格超过1 200元（图4-0-8）。

图4-0-8　国外专家参观羊绒企业

表4-0-1　2017年阿拉善白绒山羊种羊测评结果（成年公羊）

旗（区）	苏木（镇）	嘎查	畜主姓名	编号	细度（μm）	机测长度（mm）	产绒量（g）	等次
左旗	吉兰泰	庆格勒	马西巴图	13	14.40	50	888	特等
左旗	诺尔公	通格图	段军元	50	19.59	65	606	一等
左旗	银根	查汗扎德盖	种羊场	44	13.49	50	423	一等
左旗	蒙绒种羊场		吴海林	38	14.37	63	691	二等
左旗	敖镇	巴音戈壁	黄金柱	53	13.20	55	398	二等
左旗	巴彦高勒	乌兰塔塔拉	刘维柱	63	14.26	60	655	二等
左旗	种羊场			68	14.49	60	686	二等
左旗	敖镇	巴彦毛道	刘凤兰	41	14.77	55	1045	三等
左旗	诺尔公	哈尔木格台	孟根乌拉	47	13.60	55	472	三等
左旗	敖镇	图克木	乌日图那生	21	13.76	55	528	三等
额旗	赛汗陶来	赛汗陶来	何光明	25	14.66	55	560	三等
左旗	蒙绒种羊场		吴海林	37	14.33	55	566	三等
左旗	银根	查汗扎德盖	种羊场	43	14.27	63	385	三等

四、绒山羊高效生态养殖模式

阿拉善白绒山羊是多年来通过自然选择和广大科技工作者精心培育出的绒、肉兼用性的古老而原始地方优良品种。它具有体格均匀、体质结实，腰背平直，四肢端正坚实，体躯为长方形，面部微凹而清秀，眼大有神，行动敏捷，善于登山远牧，被毛纯白色，被毛上层有粗毛和下层有绒毛组成；适应性和抗逆性强，抗风沙、耐盐碱、耐粗放、易管理；遗传性稳定，一年繁殖一茬，一胎一只羔（双羔率3%～10%），繁殖成活率98%以上。生产性能高，平均产绒量357g，绒纤维细度平均在13～16μm，绒纤维自然厚度在3～6cm，平均体重40kg左右，纤维长光泽好，强伸度大，手感柔软，被誉为"动物纤维宝石""软黄金"等称号。山羊肉是人们生活重要肉食来源，其营养价值高，肉味鲜美，色泽鲜红，含脂肪少，蛋白质、维生素含量高，胆固醇含量低于其他肉类食品。

阿拉善白绒山羊产业以高效生态养殖为发展思路，以标准化、规范化的养殖模式，加强育种工作，选优淘劣，优中选优，提高良种化、优质化比例，建设标准化的基础设施建设，改善饲养环境；建立繁育体系、防疫体系和健全档案管理制度；走草原放牧+划区轮牧+季节性休牧+农区副产品的利用发展之路，有效解决草原生态环境和载畜量的矛盾，实现农村牧区经济相互增收的目标。通过各级项目资金的扶持下转变了养殖户的思想观念，改变了养殖模式，以发展高产优质绒山产业为向导，积极开展本品种选育、育种工作，保护生态资源，开展多种饲养管理模式，提高阿拉善白绒山羊品质（图

4-0-9，图4-0-10）。以品种资源保护区—草原放牧—饲草料基地—季节性轮牧—粪便还田—优质品牌—优质优价的发展模式，形成了白绒山羊养殖业高效生态养殖模式。在保护品种资源，加强育种、培育工作中，提高优质品种资源，以白绒山羊原种繁育基地—育种核心群—细度核心群—扩繁群为一体的一条龙模式，促进阿拉善白绒山羊高效、生态、品种资源优质化的可持续性发展。阿拉善白绒山羊本品种选育、育种工作和科学养殖管理技术的应用中，以标准化管理和规范化管理为准则，确保绒山羊产业有序高效的发展。在草原放牧过程中，积极推广划区轮牧、季节性的休牧、转场倒牧等措施，促进草原植被的恢复，提高产草量和牧草多样性，增加绒山羊营养抵抗力，提高产肉率和肉类品质。同时起到辐射带动和示范作用。为了确保阿拉善白绒山羊的安全养殖业发展，同时实行统一免疫、定期驱虫、舍内外消毒等措施，保证了阿拉善白绒山羊产业健康持续的发展。

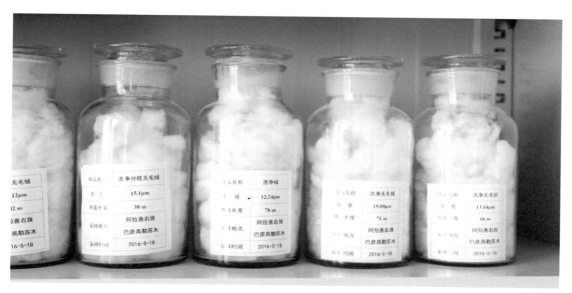

图4-0-9　羊毛及羊绒样品

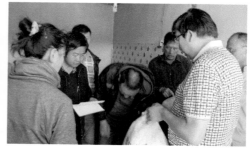

图4-0-10　测量绒山羊绒长度

范例一　超细超长绒山羊高效生态养殖模式

——内蒙古蒙绒实业股份有限公司阿拉善白绒山羊种羊场

一、绒山羊高效生态养殖模式及其特点

超细超长绒山羊高效生态养殖技术集成创新及模式创建模式主要依托超细绒山羊选育技术、MOET育种计划集成技术、超细超长山羊原绒生产技术、常规精液稀释液配方、绒山羊育种生产信息化管理技术、草地合理利用技术、测草配方及营养调控技术、养殖精准投喂及区域疫病净化技术，实行健康与绿色养殖，开发利用种群遗传资源，选育超细超长型绒山羊新品种（系），完善良种扩繁体系，提升良种供种能力，生产超细超长优质山羊原绒，形成超细超长绒山羊高效生态养殖模式（图4-1-1）。

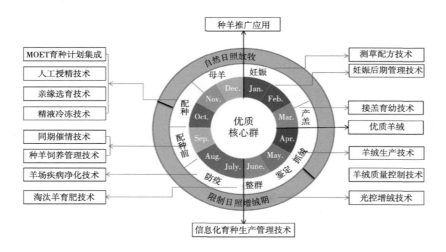

图4-1-1　绒山羊繁育及生产技术集成研究与应用

二、绒山羊高效生态养殖的关键技术

（一）挖掘优质绒山羊资源，组建绒山羊育种核心群

近年来，内蒙古阿拉善盟、鄂尔多斯市、巴彦淖尔市等优势主产区地方政府按照振兴羊绒产业的部署，广泛开展绒山羊种质资源普查鉴定，进一步挖掘优质绒山羊资源。截至2017年12月，在内蒙古亿维白绒山羊有限责任公司、阿拉善白绒山羊种羊场、阿拉善左旗满达畜牧业技术开发有限责任公司及阿拉善右旗种羊场，建立超细绒山羊育种及

高效生态养殖示范基地4个。根据各基地育种生产实际情况，通过鉴定整群、强度选择及系统选育等措施，培育绒细度在13.99μm以下，伸直长度达7～9.6cm的超细超长育种核心群达10个，共3 203只（图4-1-2、表4-1-1），进一步完善了育种核心群生产记录及系谱档案，建立了绒山羊产绒性能数据库；同时制定了超细超长型绒山羊、山羊绒伸直长度测定和超细超长山羊原绒3个地方标准，为绒山羊育种、羊绒生产、市场交易和质量检测提供了技术支撑。

表4-1-1　超细超长型绒山羊育种核心群主要生产性状

核心群	数量（只）	绒细度（μm）	绒厚（cm）	绒长（cm）	产绒量（g）	抓绒后体重（kg）
亿维公司	121	13.72 ± 0.64[b]	6.11 ± 0.83[b]	7.53 ± 1.08[b]	511.65 ± 101.63[a]	24.96 ± 2.75[a]
阿拉善羊场	150	13.79 ± 0.36[b]	5.27 ± 0.61[c]	6.59 ± 0.96[c]	456.82 ± 98.35[b]	21.83 ± 2.29[c]
阿右旗羊场	108	13.98 ± 0.38[a]	6.79 ± 0.76[a]	7.90 ± 1.19[a]	492.68 ± 62.29[a]	23.72 ± 2.61[b]

图4-1-2　超细超长绒山羊种公羊

（二）实施超细超长型绒山羊MOET育种计划集成

组装应用BLUP选种、亲缘选配、同期发情、胚胎移植等技术，加快超细超长型绒山选育、扩繁。选择有完整记录，性状最优秀种公羊20只、种母羊200只，组成MOET核心群，每年生产优良胚胎800枚以上，移植于受体，从出生断奶公、母羔中，选出5%最优公羔、30%～40%最优母羔进入核心群，其他输送到育种群或生产群，周而复始地开展，推进超细超长型绒山羊种业产业发展（图4-1-3）。

2016年10月在阿拉善白绒山羊种羊场开展了超细超长型绒山羊MOET育种计划，胚胎移植供体选择细度在13.99μm以内，绒长度≥5.5cm，产绒量≥350g，体重≥28kg及主配公羊选择细度在14.5μm以内，绒长度≥6.0cm，产绒量≥500g，体重≥35kg，集成亲缘选配、同期发情、超数排卵、腹腔镜输精、胚胎移植技术，移植胚胎93枚，移植鲜胚受胎率为54.5%。

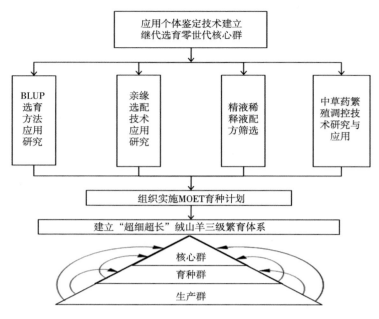

图4-1-3 超细超长绒山羊MOET育种计划

（三）超细超长型绒山羊亲缘选配技术研究与应用

亲缘选配，是依据交配双方间的亲缘关系的远近进行选配。首先要在建立核心群基础上，系统而全面记录所有个体的生产性能、外貌、配种、系谱等，形成完整的数据资料，为进一步开展系统选种选配提供可能。然后采用群体继代选育，在坚持等级和同质选配的前体下，大胆应用亲缘选配，级进交配2～3代，将群体每世代近交生长速度控制在2%以下，近交系数控制在12.5%以下，防止生产和抗逆性能下降，促进优良基因得到纯合，选育出符合"超细超长"标准的种羊。阿拉善超细超长绒山羊育种核心群主要性状近交分析表明，当近交系数6.25%～12.5%，能在细度、长度、产绒量达到较好的育种目标（图4-1-4）。

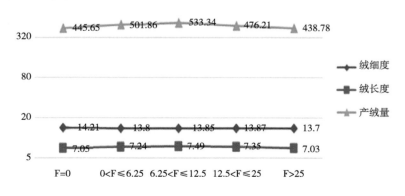

图4-1-4 近交对绒山羊主要产绒性状的影响

自2013年超细育种方案制定并不断实施完善的过程中，在阿拉善绒山羊种羊场开展亲缘选配，2016年育成母羊、成年母羊、育成公羊、成年公羊细度在14.00μm以下占46.53％、23.48％、76.24％、34.30％，取得了良好的育种进展（表4-1-2）。

表4-1-2 阿拉善种羊场山羊绒细度小于14.00μm个体的主要绒性状统计

类群	数量	所占比例（％）	绒细度（μm）	绒长度（cm）	产绒量（g）	抓绒后体重（kg）
育成母羊	201	46.53	13.37	5.94	385.32	28.48
成年母羊	154	23.48	13.56	5.55	481.05	29.76
育成公羊	353	76.24	13.12	5.81	499.72	28.58
成年公羊	142	34.30	13.42	5.48	537.61	33.57

（四）绒山羊精液稀释液配方筛选与应用

在内蒙古阿拉善等荒漠草原绒山羊主产区地广人稀，各个牧户之间距离较远且交通不便，给优质种公羊的人工授精带来了不便。开发出高效的常温精液稀释液就显得尤为重要，延长精子的活力及保存时间，不仅有利于提高优质种公羊的利用率，还可以更好的解决各羊点之间人工授精因长途运输精液而导致精子大量死亡致使精液品质下降的难题。稀释液配方见表4-1-3。

表4-1-3 绒山羊精液稀释液配方

配方成分	稀释液		
	配方A2	配方B3	配方C2
葡萄糖（g）	3.00	3.00	3.00
柠檬酸钠（g）	1.40	1.40	1.40
EDTA（g）	0.10	0.12	0.12
蔗糖（g）			1.2
青霉素（万U）	20	20	20
卵黄（mL）	10	10	10
超纯水（mL）	100	100	100

以上3种精液稀释液对精子活力的影响不同，配方A2和B3的保存时都能达到了60h，但配方B3在60h（pH值为6.3）后精子活力更强，说明偏酸性的环境更容易延长山羊精子的存活时间。配方C2中添加了蔗糖（浓度为12mg/mL），精子存活时间及精子活力都要优于配方A2和B3（$P > 0.05$），达到78h以上（表4-1-4）。

表4-1-4　绒山羊精液稀释液配方保存效果

保存时间	稀释液		
	配方A2	配方B3	配方C2
0h	0.85 ± 0.06	0.86 ± 0.05	0.84 ± 0.07
6h	0.85 ± 0.06	0.84 ± 0.05	0.84 ± 0.07
12h	0.78 ± 0.05	0.82 ± 0.06	0.81 ± 0.07
18h	0.78 ± 0.05	0.79 ± 0.07	0.80 ± 0.06
24h	0.73 ± 0.05	0.75 ± 0.11	0.78 ± 0.06
30h	0.68 ± 0.05	0.67 ± 0.12	0.74 ± 0.05
36h	0.65 ± 0.06	0.64 ± 0.12	0.72 ± 0.06
42h	0.58 ± 0.05	0.60 ± 0.11	0.68 ± 0.06
48h	0.50 ± 0.08	0.49 ± 0.10	0.68 ± 0.07
54h	0.38 ± 0.05	0.44 ± 0.13	0.64 ± 0.07
60h	0.28 ± 0.05	0.28 ± 0.21	0.63 ± 0.07
66h		0.09 ± 0.14	0.58 ± 0.06
72h			0.52 ± 0.07
78h			0.33 ± 0.08
84h			0.11 ± 0.16

　　阿拉善型绒山羊精液稀释液的最佳pH值为6.3，最优蔗糖浓度为12～18mg/mL。最优配方为：葡萄糖3.00g、柠檬酸钠1.40g、EDTA0.12g、蔗糖1.2g、青霉素20万U、卵黄10mL，超纯水100mL。从试验的整体效果来看，已经起到了改进常规精液稀释液的目的，这将有利于阿拉善牧区绒山羊的人工授精及良种种公羊的利用率（图4-1-5）。

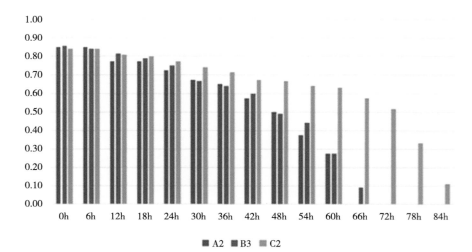

图4-1-5　三组配方中最优组精子活力对比

（五）阿拉善绒山羊集中催情技术研究与应用

针对阿拉善地区荒漠草原绒山羊放牧草场质量差、绒山羊营养缺乏，放牧羊群发情不集中，繁殖率低，养殖效益低的实际情况，2016年9—10月，设计阿拉善绒山羊全混合日粮配方，于9月10日开始对羊群进行补饲，每日补饲500g/只。饲料配方主要成分见表4-1-5。

表4-1-5　绒山羊配种期补饲日粮配方

原料	玉米	麸皮	ddgs	豆粕	葵花饼	胚芽粕	预混料	玉米皮	其他
配方	200	50	100	50	20	180	30	250	120

与本场近3年来的情况相比较，在配种前进行补饲可以有效的提高母羊的发情率（$P<0.05$），但是在自然发情期间母羊的第一情期受胎率和返情率无明显差异（$P>0.05$，表4-1-6）。

表4-1-6　不同年份母羊发情情况

时间	总数	发情只数	发情率%	第一情期受胎率%	发情只数	发情率%
2016年	808.00	663.00	0.82[b]	0.92[a]	50.00	0.08[a]
2015年	905.00	623.00	0.69[a]	0.91[a]	56.00	0.09[a]
2014年	966.00	647.00	0.67[a]	0.92[a]	52.00	0.08[a]
2013年	913.00	609.00	0.67[a]	0.91[a]	53.00	0.09[a]

在补饲饲料的基础上再添加中草药催情，有利于进一步提高母羊的发情率（$P<0.05$）。3号群母羊的返情率略高于其他三个群（$P<0.05$，表4-1-7）。

表4-1-7　中草药与催情饲料对母羊发情情况的影响

群号	总数	发情只数	发情率%	第一情期受胎率%	返情只数	返情率%
1	191.00	172.00	0.90[b]	0.92[a]	14.00	0.08[a]
2	266.00	213.00	0.80[a]	0.95[a]	10.00	0.05[a]
3	271.00	226.00	0.83[a]	0.88[a]	27.00	0.12[b]
4	273.00	224.00	0.82[a]	0.94[a]	13.00	0.06[a]

通过补饲，相对于以往自然放牧的方式，有效地提高了母羊的发情率，这不仅提高了母羊的利用率，而且还增加了绒山羊的经济效益。且在提高母羊营养水平的基础上再使用中草药来处理，可以更进一步的提高母羊的发情率，而中草药本身还具有多种功效，拥有天然性、多功能性、无毒副作用、无抗药性等多种优良特性，对羊的免疫力、生长性能等均有所提高，促进绒山羊健康生长和病虫害绿色防控，有效提升绒肉产品的

质量安全水平。因此，中草药在绒山羊标准化养殖中推广应用具有很大的潜力。

（六）探讨羊绒优质优价机制、积极推进高档羊绒产品的开发

近年来，阿拉善盟农牧业局、内蒙古自治区农牧业科学院、新疆畜牧科学院、阿拉善种羊场、吉林农大、意大利皮亚卡罗公司开展分部位抓绒，超细超长山羊原绒生产技术应用。2014—2016年，意大利皮亚卡罗公司在阿拉善原绒收购价达到1 000元/kg，探讨了羊绒优质优价的机制和技术可行性，为进一步全面提高绒山羊产业效益，促进农牧民增收奠定基础。同时，通过设备改造及技术革新，光控增绒试验羊绒细度14.8μm以下、体侧部伸直长度达到80mm以上的羊绒进行试纺研究，精纺羊绒纤维的平均巴布长度达到59.5mm。2016年在超细超长育种核心群收集细度在13.9μm以下，伸直长度达到70mm以上80多千克优质羊绒进行试纺研究，精纺后绒细度14.02μm，平均巴布长度达到59mm，实现了绒纤维原材料突破性新进展。

（七）阿拉善荒漠草原合理利用技术

国家级内蒙古绒山羊（阿拉善型）保种场主场区位于阿拉善白绒山羊中心产区——阿拉善左旗吉兰太镇和敖仑布拉格镇接壤处，有封闭式草场10万亩。干旱少雨，缺乏地下水源，年降水量30～180mm，蒸发量为降水量的10～33倍，相对湿度为35%左右，十年九旱。土壤多为灰漠土及灰棕漠土，大多偏碱性，植被稀疏，产草量低，属典型的荒漠半荒漠草场。以菊科、藜科、蒺藜科和柽柳科居多，豆科、禾本科次之。主要植物有冷蒿、珍珠、红砂、棉刺、白刺、柠条、沙竹、针茅、碱草等，大多适宜于绒山羊采食。现有山羊1 766只，平均56亩一只羊，已达到该地区草畜平衡的要求（图4-1-6）。在此基础上通过限时放牧加补饲，可有效提高绒山羊的生产性能，减轻草场压力，达到合理持续利用草场的目的。

图4-1-6　放牧场

三、基础设施及配套建设

保种场现有办公场所（包括实验室）8处；饲草料库7处，车库与库房1处。2014年蒙绒公司与阿拉善政府棚圈建设项目结合，共同投资新建设多功能棚圈7处。2016年在每个牧点配备了多用途种羊饲喂槽。2017年蒙绒公司投资对工作场所、配种室等基础设进行改造升级，新建了会议室、展览室、种羊场鉴定实验室、兽医室、胚胎移植室、

配种室等，同时对每个牧点抓绒室进行了地面铺砖硬化。成功打水机井5口，基本解决了种羊场用水，阿拉善盟政府正在建设种羊场道路。因此，蒙绒公司及阿拉善盟各级部门对种羊场各项基础设施的投资建设，基本改变了阿拉善种羊场基础设施陈旧落后的问题，明显提升了国家级种羊场的可持续发展和科研及种羊生产性能，缩小了与区内外兄弟种羊场存在的差距，对适应现今的科学化饲养管理和技术力量的施展具有积极意义。下一步公司要积极协调阿拉善盟政府有关部门，加快推进用电和围栏建设，同时引进更多的科研院所、科技部门及业务主管部门的项目合作和资金投入，共同推进阿拉善超细超长绒山羊育种及产业化开发。

四、效益分析及示范效果

（一）经济效益：

通过超细超长绒山羊高效生态养殖技术集成创新及模式创建，适用于内蒙古阿拉善盟、鄂尔多斯市等荒漠草原超细超长型绒山羊。近年来推广特级种公羊234只，5 000元/只，117万元；推广一级种公羊289只，3 000元/只，86.7万元；推广二级种公羊183只，2 500元/只，45.75万元；种羊推广共计249.45万元。2016年生产超细超长山羊绒2 000kg，售价1 000元/kg，共110.00万元。新增产值200.00万元。

（二）社会效益

通过推广种羊，提高山羊良种比例、羊绒品质和个体产绒量，改良绒山羊10万只。改良山羊生产的羊绒达到了超细超长的阶段性目标，10万只羊人均纯增收6 000元（10万只羊按500养殖户算，户均4人计算）。因此，本项目的建设，社会效益非常显著，可实现农牧民收入翻一番的目标。通过项目的实施，有利于促进畜牧业生产方式转变，彻底改变养畜观念，减轻生态压力，与增绒技术及限时放牧配套推广，实现畜牧业现代化、集约化、效益化经营。使广大养畜户提高畜牧业生产科技含量，由头数型畜牧业向质量型效益型畜牧业转变。

（三）生态效益

通过推广超细超长绒山羊种羊和核心养殖技术，可以减少绒山羊的饲养量，以减轻对草场的压力，实现合理地利用草地资源，最大限度的保护该类型草原的生态环境，有力地促进荒漠草原牧区生态环境友好，草原畜牧业可持续发展。建立草原增绿、农牧民增收、企业增效的共赢新模式。

（四）示范效果

该项模式是在内蒙古阿拉善盟、鄂尔多斯市等荒漠草绒山羊产区，集成超细超长绒山羊选育、亲缘选配、MOET育种等8项关键技术，创建适合这类绒山羊的高效生态养殖技术模式重点开展超细超长绒山羊种羊培育及开发高端绒产品，引领绒山羊产业向高端、精品发展。形成不同类型典型案例25个以上，在阿拉善绒山羊种羊场、内蒙古亿维白绒山羊有限公司、养殖园区、合作社等推广应用，取得了显著的经济、社会和生态效益。

（五）主要约束性指标

主要考核指标如下：原种场保种场标准，超细型育种核心群成年母羊细度在14.0μm以下，伸直长度7cm以上，产绒量400g以上，体重32kg以上。成年公羊细度在14.5μm以下，伸直长度8cm以上，产绒量500g以上，体重44kg以上；绒山羊合作社、育种专业户及家庭牧场标准，成年母羊细度在14.5μm以下，伸直长度7cm以上，产绒量400g以上，体重30kg以上。成年公羊细度在14.5μm以下，伸直长度8cm以上，产绒量500g以上，体重40kg以上。生产超细超长山羊原绒500kg以上，精纺后无毛绒细度在14μm以下，长度达到50mm以上。

范例二　短期育肥及饲料配送绒山羊养殖模式
——阿左旗满达公司

一、绒山羊高效生态养殖模式及其特点

（一）以品种资源的保护与利用为基础

每年坚持开展白绒山羊鉴定及绒纤维直径检测，利用个体选择、同胞选择、后裔选择进行同质选配或异质选配（图4-2-1），使白绒山羊的产绒量得到大幅度的增加，群体平均产绒量达到400g以上，但绒纤维细度却控制在14.5μm以内。

（二）以先进技术的开发应用为措施

图4-2-1　人工授精

在选育提高的同时我们开展了光控增绒、营养调控、配合饲料配送、畜群疫病净化和标准化管理等技术措施，大幅度提高了阿拉善盟绒山羊产业的科技含量。

（三）以提高经济效益为目的

针对阿拉善盟的实际开展了山羊短期育肥模式的集成和育肥饲料的开发配送工作。一只淘汰母羊按市场价450～500元经过60d的育肥可出售到850元以上。

二、绒山羊高效生态养殖的关键技术

（一）保护种质资源

公司在阿拉善盟畜牧兽医站的安排和大力支持下，在全盟范围内选择优质个体开展阿拉善型白绒山羊保种工作，特别是2013年从阿拉善右旗雅布赖镇选购4只成年种公羊，平均绒毛细度13.6μm，其中，10012号个体（成年公羊）绒毛细度为12.8μm，产绒量425g（图4-2-2）。为了保护阿拉善型白绒山羊的优良特性和充分发挥优秀个体的作用，开展了绒山羊鲜精人工授精和冷冻精液保存，并在盟畜牧兽医站领导安排下，为国家农业部家畜品种资源保护中心提供3 700支优质阿拉善白绒山羊冷冻精液，为阿拉善白绒山羊基因保护工作作出了贡献。

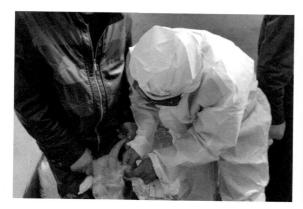
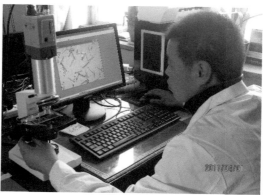

图4-2-2 取样分析羊绒质量

（二）组建选育核心群

在盟、旗农牧业局、内蒙古农牧科学院和内蒙古蒙绒公司的大力支持和协助下，公司从2013年开始在全盟范围内选择组建了超级绒山羊选育核心群，并按照"1396"超级绒山羊选育技术路线和标准严格进行选优淘劣，经过2015年鉴定平均产绒量362g ± 28g、绒毛平均细度13.83μm ± 2.08μm、平均长度（8.21 ± 0.72）cm，约有70%以上的个体已达到"1396"超级绒山羊选育标准。按照要求核心群已全部录入内蒙古自治区种畜禽信息平台和阿拉善盟白绒山羊信息平台。

为了加速选育进程，公司在内蒙古农牧科学院畜牧所的大力支持和亲临指导下，对绒毛性状比较突出的3只公羊，选择20只母羊作为供体，进行了胚胎移植，共移植受体羊82只。

（三）限制日照增绒实验

公司在阿左旗农牧业局、内蒙古农牧科学院和鄂托克前旗北极神绒牧业研究所的大力支持和指导下，于2015年开展了绒山羊控制光照增绒技术实验。光控增绒技术的核心就是利用"光控"，来提高绒山羊的生长质量，通过限时放牧，遮光饲养，来达到增绒技术。通过这项技术使绒山羊由冷季长绒转变为全年冷暖两季长绒，个体平均年产绒量提高70%。暖季放牧时间由传统的15h缩短到7h。本实验于6月10日开始，到10月15日结束光控，总125d。参试羊共106只，其中，实验组86只，对照组20只，于10月20日观察鉴定，实验组与对照组绒毛生长差异明显。

（四）营养调控技术及推广

白绒山羊恶性食毛症是普遍发生于阿左旗白绒山羊产区比较严重的代谢性疾病，据调查全盟有18万只山羊患有此病，每年损失在1 400万元以上，个别地区发病率高达80%，给牧民生产和生活带来带来极大的影响，为此，公司研制出"白绒山羊特制精补料"对该病的防治率在96%以上，并集资建设了我盟唯一的配合饲料厂，使"白绒山羊特制精补料"得到工厂化生产，同时开发了"牧区抗灾精补料"等六个品种的配合饲料，推广到阿左旗北部60%的白绒山羊养殖户，深受农牧民的青睐，是阿左旗农牧业局抗灾饲料定点生产企业。

（五）"舍饲养羊快速育肥"技术

利用该技术羔羊11月龄羔羊平均体重达到了38.6kg，胴体20.19kg，平均屠宰率为50.98%；牧区淘汰山羊（羯羊）经过65d的育肥平均体重达到46.15kg，胴体重22.15kg，平均屠宰率为48%，除去购羊成本和饲养费每只羊净利润162元。

三、技术依托及概述

阿拉善左旗满达畜牧业技术开发有限责任公司位于阿拉善左旗吉兰泰镇查哈尔滩农业灌区，于2009年3月在阿拉善盟工商局注册的经济实体。是集生产、销售、研发、服务于一体，覆盖种羊生产、配合饲料生产和畜牧业适用技术开发的企业。阿拉善型绒山羊良种繁育体系健全，已取得自治区级"种畜禽生产经营许可证"、"内蒙古白绒山羊保种场"和"饲料生产企业许可证"（图4-2-3）。

阿拉善盟现代畜牧业试验示范工作站是由阿拉善盟农牧业局组织，在阿拉善左旗满达畜牧业技术开发有限责任公司基础上，由内蒙古农牧科学院、中国农业科学院北京畜牧兽医研究所、阿拉善盟畜牧兽医站、内蒙古蒙绒公司等单位的专家、教授，整合相关项目资金和技术力量共同建设，集产学研为一体，以现代畜牧业模式和技术试验示范推广为主要内容的工作站（图4-2-4）。分别引入实施国家重点基础研究发展计划（973计划）《我国重要家养动植物在人工选择下进化的遗传和基因组机制》项目、中国农业科学院北京畜牧兽医研究所《动物遗传资源研究室》项目、

图4-2-3　查看白绒山羊

国家绒毛用羊产业技术体系《放牧营养调控岗位科学家》项目、内蒙古自治区产业创新（创业）人才团队《绒山羊和牧草种业创业人才团队》项目、内蒙古自治区科技重大专项《超级绒山羊品种（系）培育及产业化示范》项目和国家公益性行业（农业）科研专项《西北地区荒漠草原绒山羊高效生态养殖技术研究与示范》项目。主要开展了"1396"超级绒山羊选育技术、基因组辅助育种技术、非产绒季节绒山羊增绒技术、绒肉生产营养调控技术等研究（图4-2-5）。充分利用科研单位、院校、现代农牧业示范基地、企业等多种不同研究环境、资源以及各自优势，把生产实践与科研实践有机的结合，从根本上解决科研与生产实践需求脱节的问题。

图4-2-4　试验示范基地标牌　　　　　　图4-2-5　美丽的白绒山羊

四、效益分析及示范效果

公司实行"公司+基地+农牧户"连接市场的经营模式，形成种植、养殖、销售为一体的产业链。在公司带动下，改变了当地牧民传统的靠天养畜，秋季大量将淘汰羊低价出售的现象。据统计从2012年到目前共推广配合饲料6万吨，直接带动450户农牧民从事优质白绒山羊养殖生产，仅绒毛收入1项，户均增收6 300元，人均增收2 100元。

截至2017年12月，公司已向社会提供良种公羊0.25万只，对提高当地山羊性能及改善羊绒综合品质方面发挥了重要作用，有力带动当地农牧民脱贫致富。种羊场的不断发

展壮大对于繁荣地方经济、增加农牧民收入、增强地方财力作出了贡献，同时带来了可观的经济效益，良好的社会、生态效益。

范例三　营养调控高效生态牧场养殖模式
——阿左旗段军元

一、绒山羊高效生态养殖模式及其特点

作为现代生态家庭牧场发展的典型，阿拉善左旗段军元积极注重生态建设，保护草场意识强，实行草畜平衡，植被得到明显恢复，草牧场达到有效的利用，生态效益明显提高，科学饲养及生产管理达到全盟一流水平。主要包括以下几个方面。

（一）注重生态建设，保护草场意识强，将自己的草场分区，即冷季草场、暖季草场，饲草料种植示范基地，实行轮牧，决不过牧超载，草牧场得到科学有效的利用（图4-3-1），人工种植草场实施苜蓿等牧草种植，补充冬春季节牧草匮乏期，保证营养供给；羊群分为种羊群、育成羊群和羔羊群等，根据各阶段羊群分群管理；配方饲料氨基酸、维生素、矿物质等营养成分，满足了各阶段绒山羊营养需求。

（二）重视科学化养殖，安装了饮水、草料投放等自动化饲喂系统，实现了养殖科学化，提高了生产效率，降低了劳动强度。

（三）重视本地品种选育，严禁导入外血。掌握各种实用技术，采取人工授精、胚胎移植等适用科学技术，全面提高绒山羊质量，饲养的绒山羊种羊体格壮、产绒量高、羊绒细度细，个体平均产绒量达到600g，是白绒山羊核心群户，他家生产的种羊在白绒山羊种羊比赛中，多次获奖，外地及周围的养殖户纷纷慕名前往取经。2017年对100只绒山羊实施人工授精双羔率达10%，产羔率达110%。

（四）注重组织化经营。重视基础设施建设，逐渐建成了标准化棚圈、饲草料调制室、贮草房等，经济适用，布局合理。加入了阿拉善盟绒源白绒山羊双峰驼专业合作社，形成了"合作社+核心群+选育群"等形式的绒山羊养殖模式。

（五）加入"阿拉善白绒山羊质量安全监管与溯源系统"平台，实现全程质量追溯。通过羊绒细度检测结果，羊绒纤维细度

图4-3-1　放牧的绒山羊

在14.5μm以下的基础母羊、种公羊全部埋置电子耳标，并录入"阿拉善白绒山羊质量安全监管与溯源系统"。实现本核心群基础母羊、种公羊纳入网络数据管理全程追溯。绒细度在14.5μm以下优质群体达标率40.64%。

二、绒山羊高效生态养殖的关键技术

（一）划区轮牧技术

划区轮牧草地，每年4—6月休牧，放牧利用270d。20 000亩草场划分为冷季草场8 000亩，暖季草场12 000亩。冷季草场分5个小区，每小区1 600亩，每个小区一次放牧18d，冷季从1—3月放牧90d，轮牧1次。暖季草场12 000亩划分为10个轮牧小区，每个小区1 200亩，每个小区每次放牧9d，轮牧两次（图4-3-2）。

图4-3-2 划区轮牧实施

合理划分草场，利用1 000m²草场，种植苜蓿和梭梭等植物，用于补充冬春季节牧草匮乏期，保证营养供给，繁殖群能正常的配种繁殖，羔羊生长发育良好。

（二）绒山羊的选育提高技术

开展绒山羊鉴定，测定绒山羊体尺体重、产绒量、绒长、绒密度等生产性能，并详细记录（图4-3-3，表4-3-1）。根据鉴定结果，严格选择和淘汰。加强优秀羊只的饲养管理和特殊培育，进行等级选择。开展选种选配，不断提纯复壮，提高生产性能。

图4-3-3 绒毛检测取样

表4-3-1 绒山羊生产性能测定

皮下埋置畜号	性别	出生年月	毛长(cm)	绒厚(cm)	绒细度(μm)	绒伸直长(mm)	胸围(cm)	管围(cm)	体高(cm)	体斜长(cm)	抓绒后体重(kg)	产绒量(g)
001152921102575	母	2016.2	13	6	14.88	42.7	59	7	52	52	18	480
001152921101350	母	2016.2	10	5	14.17	40.6	64	7	51	63	16	600
001152921101351	母	2016.2	10	4	15.12	44.9	60	7	50	64	16	900
00152921102580	母	2016.2	10	4	14.43	27.4	63	6	46	62	15	800
001152921102576	母	2016.2	9	4	15.63	53.5	72	6.5	54	65	18	490
001152921102577	母	2016.2	8	4	15.48	45.9	66	6	54	64	17	480
001152921100023	母	2016.2	10	5.5	15.57	28	67	7	53	56	17	800
001152921100022	母	2016.2	14	5.5	14.13	30.3	62	7	52	53	15	600
001152921102566	母	2016.2	12	6.5	15.54	35.4	66	7	52	56	18	400
001152921102568	母	2016.2	11	4	15.43	26.5	63	7	57	65	17	450
001152921102569	母	2016.2	12	6.5	14.11	44.5	60	7	54	56	15	420
001152921102570	母	2016.2	13	7	14.87	26.4	70	8	56	53	17	480
001152921102571	母	2016.2	13	4	14.75	37	67	7	59	53	19	420
001152921102572	母	2016.2	13	5	15.99	24.5	68	8	56	54	16	480
001152921102573	母	2016.2	16	86	15.48		69	8	56	54	20	500
001152921102574	母	2016.2	13		14.25	34.3	64	7	53	65	19	560

（三）绒山羊高效繁殖技术

通过人为控制产羔时间，使羔羊生产集中、整齐，易于统一饲养管理，提高繁殖率，达到一年2胎3羔或2年3胎5羔，降低了保羔的劳动强度，提升养羊的生产效率，提高绒山羊的生产性能，为增加养殖效益奠定了基础（图4-3-4）。

图4-3-4 取样、化验

（四）质量追溯系统

通过佩戴电子耳标，建立完整的牲畜个体养殖档案，使每只达标补贴绒山羊拥有自己的"身份证"，在屠宰、运输、终端销售、消费者溯源环节建立二维码，实现全产业链可追溯管理（图4-3-5）。

图4-3-5　测量羊毛长度、建立追溯系统

（五）全混合日粮饲喂技术

根据绒山羊在不同生长发育阶段的营养需要，按营养专家设计的日粮配方，对不同年龄段的羊只分组进行饲喂。

三、基础设施及配套建设

现经营草牧场20 679亩，现有畜棚500m²，饲草料调制室50m²，贮草棚300m²。农机具基本配套，有水井1眼，自动化饲喂系统1套。自有饲草料种植示范基地1 000m²。

四、效益分析及示范效果

2017年优质羊绒产量为63kg，按270～300元/kg出售，享受政府优质绒山羊补贴1.2万元，仅绒山羊饲养一项，年收入可达6万元。

段军元家生产的种羊体格好、产绒量高、羊绒细度好，是阿拉善盟白绒山羊核心育种户。2014年起参加阿拉善白绒山羊优良品种培育，参加种羊大赛获得一等奖，出售种公羊、母羊等取得了良好的试验示范成效。

范例四　标准化+规范化白绒山羊养殖模式

——阿拉善右旗白绒山羊繁育场

一、阿拉善右旗白绒山羊繁育场养殖特点

阿拉善右旗白绒山羊繁育场建设于2016年，位于巴彦高勒苏木敖伦布格嘎查，属阿拉善右旗畜牧兽医站直接管理的种羊繁育场，养殖阿拉善白绒山羊430余只，其中：种公羊5只，能繁母羊220只，培育种公羔130只，育成母羊80只。建设有封闭式草原围栏，内设有种羊培育草场、羔羊放牧草场，划区轮牧草场；基础设施建设办公室、住房、资料室、人工授精室等180m²，标准棚圈两座720m²，饲草料库80m²。

现有牧工2人，专业技术人员15人，主要负责繁育场种羊选育选配、种羊培育、人工授精、科学的饲养管理和草原合理利用等技术工作。起到以点带面、科技示范辐射带动作用，向广大养殖户提供优质种羊，为阿拉善右旗白绒山羊产业走向高效生态健康持续的发展奠定了基础。

二、阿拉善白绒山羊高效生态养殖推广技术

阿拉善右旗白绒山羊繁育场以生产培育超细、超长、标准型的阿拉善型种羊，科学管理、合理利用草原资源，起到示范带动、培训专业技术人员和专业养殖户的作用。

（一）种用羊的选择

1.种公羊的选择：在旗内养殖户中选择体质健壮，体型方正，被毛纯白，粗毛长18cm以上，而且细而柔软，光泽性好，头大，眼大明亮有神，角形为倒"八"字形、父母表型良好的阿拉善型种公羔集中培育（图4-4-1）；培育出优秀的种公羊严格采用各项标准与规范，以初次选择—中期选择—绒毛测定分析后，绒纤维直径14μm以内，产绒量450g以上，体重35kg以上的留做备种公羊，分群管理，2周岁后配种使用，建立完整的档案记录工作。严格把好质量关，不合格及时去势为羯畜，育肥淘汰。

图4-4-1　阿拉善白绒山羊种公羊

2.种母羊的选择：充分利用绒毛采集、测定、抓绒时期选定种母羊，选择阿拉善白绒山羊体质外貌特征明显（图4-4-2），被毛纯白，粗毛长18cm以上，而且细而柔软，光泽性好，绒纤维直径14.5μm以内，产绒量300g以上，体重38kg以上的种母羊，后备种母羊18月后配种产羔。不合格育肥淘汰。

图4-4-2　阿拉善白绒山羊母羊

（二）配种

选择出种用羊根据需要分组、分群实施人工授精技术配种，根据羊只分类组群划分区域自然交配方式进行配种工作，实施同质和异质选择配种，做到了系谱清楚，档案记录完整。分两批配种，第一批8月15日配种，第二批10月10日配种（图4-4-3）。此时配种可更好地解决气温有暖变冷引起的母体应激反应，牧草由青变黄，营养下降，造成的不必要流产；同时也解决了绒毛快速生长期和胎儿快速生长营养互争，引起的母羊膘情下降引发流产、产绒量降低，缩短羔羊黄草饲养期，降低了饲草料的投入。

图4-4-3　阿拉善白绒山羊配种

（三）怀孕母羊管理

配完种的母羊单独管理，禁止怀孕母羊惊吓、猛跑、拥挤，进入11月放牧前开始少量补饲饲草，怀孕后期，产羔两个月加大补饲量，提高胎儿出生重和母羊的泌乳量。接羔前清理圈舍、消毒、加强保温通风措施，备用一定药品，确保羔羊成活率。

（四）产羔与羔羊管理

产羔时及时接羔，防止难产、母羊不认羔和羔羊找不到母羊现象，确保羔羊吃上初乳，提高免疫力；同时编号打耳标、称初生重，建档记录。天气良好时出圈采光，提高适应能力和抵抗力，7～8d训练食草，17～18d训练食料，3月龄初次选种，不合格去势，4～5月龄逐步断乳，分群管理，进入育成、育种期管理（图4-4-4）。

图4-4-4　绒山羊分群管理

（五）育种管理

进入育种、育成期后（图4-4-5），羔羊驱虫、泻火、消毒、防疫、建档立卡工作，选择良好草牧场分群放牧管理，并加以补饲，保持羊只中上等以上的膘情，促进快速生长发育。

图4-4-5　绒山羊羊羔

（六）疫病防控

每年进行春秋防疫工作，秋季在配种前完成防疫，春季3月完成防疫工作，确保群体安全（图4-4-6）。

（七）草原利用

阿拉善右旗白绒山羊繁育场拥有2.1万亩草场，并划分了轮牧区和放牧区，夏秋季群体分成不

图4-4-6　取血样检测

同群，设有种公羊草牧场，羊群进入轮牧区进行轮牧，冬春季进入放牧区放牧，防止群体集中后过度采食和踩踏，破坏牧草生长，影响植被的恢复，减少单位面积的产草量。

（八）调整群体结构

为了提高阿拉善右旗白绒山羊繁育场良种化比例，不断调整畜群结构，每年提高种羊选择标准，实施优中选优，以绒毛直径14μm左右，产绒量300g以上，抓绒后体重35kg以上，年龄在1～4岁为标准，保持能繁母羊养殖数量在220～230只，群体养殖总量不超过450只；体型外貌不符合标准的，绒毛直径大于14μm，产绒量低于300g，以及繁殖、奶羔力差的，体弱多病的进行淘汰，淘汰率达到25%～30%。群体内除极少肉食羊外，不留羯畜，保持群体优质，结构整齐，减少饲养量，减轻草场压力。

三、基础设施及配套建设

阿拉善右旗畜牧兽医站直接管理的种羊繁育场，草原面积2.1万亩，阿拉善白绒山羊430余只，其中：种公羊5只，能繁母羊220只，培育种公羔130只，育成母羊80只。建设有封闭式草原网围栏，内设有种羊培育草场、羔羊放牧草场，划区轮牧草场；内设办公、资料室、人工授精室、药房、牧工室等，建筑面积180m²，标准化棚圈两座，建筑面积720m²，其中，种公羊培育棚圈120m²，饲草料库80m²（图4-4-7）。

图4-4-7　基础设施建设

四、效益分析及示范效果

自阿拉善右旗白绒山羊繁育场建场以来，已成功举办了西北地区荒漠草原绒山羊高效生态养殖技术研究与示范现场观摩会，培训、观摩180人次，具有良好的宣传、示范、带动作用，特别转变广大养殖户思想观念，提高了认识，转变养殖模式，保护了草原，恢复了植被，促进了荒漠草原绒山羊产业高效生态养殖业的发展（图4-4-8）。场内年产羔羊176只，培育种公羔130只（购入部分），培育种母羔82只，旗内组建人工授精站6个，细度核心群100个，育种核心群30个，建立了系谱、饲养管理档案。2017年引入意大利企业优质优价收购原绒，涉及辐射带动白绒山羊养殖牧户22户参与，收购原绒3 017.25kg，高于市场价格60～120元/kg，创汇13.79万美元，13.97μm每千克奖励100美元，使阿拉善白绒山羊原绒直接进入国际绒毛市场，提高了优质绒毛的价值，打造了品牌，为优质绒山羊养殖起到了推动作用。2018年计划100个绒山羊养殖户参与到意大利企业优质优价原绒收购中。

图4-4-8 参观养殖场

范例五 季节放牧+补饲高效生态养殖

——阿右旗那音太

一、绒山羊高效生态养殖模式及其特点

阿拉善右旗雅布赖镇伊和呼都格嘎查查斯娜白绒山羊养殖业合作社白绒山羊养殖示范户那音太，蒙古族，现年47岁，初中文化，具有劳动力2人，位于阿拉善右旗雅布赖镇伊和呼都格嘎查；现有优质白绒山羊400只，能繁母羊220只，种公羊2只；草原面积4.4万亩，建设有封闭式草原围栏，草原分冬季放牧场和春季放牧场，住房300m²，棚圈1 500m²，饲草料库150m²。主要以选育选配、合理安排配种、优质养殖、种用羊合理利用、科学的饲养管理和科学草原利用。在恢复植被、保护生态、提高优质绒山羊的生产性能和经济效益方面，起到示范带头作用。

二、绒山羊高效生态养殖推广技术

那音太白绒山羊养殖示范户，以调整畜群结构，科学选种、育种，合理安排配种、产羔，充分利用草原资源，采用科学的放牧管理，提高绒山羊品质和生产性能，为阿拉善右旗荒漠化草原白绒山羊产业走向高效生态健康持续发挥了积极的作用。

（一）种用羊的选择与利用

种公羊选择在养殖区内优质绒山羊养殖户中选定优秀的公羔，即断乳后体质外貌表型性良好，以购入、调换实施培育，通过绒毛测定后，粗毛在18cm以上，绒纤维自然厚度在5.5cm以上，直径在14μm以内，产绒量450g留用种公羊，加强培育，2岁体格完全长成以后参加配种，利用年限2年，此时种公羊具有精力旺盛，配种能力强，新生羔羊健壮，防止了近亲繁育。

根据群体能繁母羊存栏量，提高种用羊的标准，年龄在1～5岁，不符合自己要求的，严格淘汰，保持群体具有结构整齐、繁殖力强、易管理、提高周转率和品质。

（二）配种

根据每年测定结果选留种母羊，群体能繁母羊分两批，分年轮流配种产羔，母羊18个月龄后第一次配种繁殖，体能得到充分恢复，提高了配种率和繁殖成活率。每年参加配种羊只120只，分两次配种，第一次7月中旬配种，第二次9月下旬配种，加强种公羊营养的补充，恢复配种羊体能，提高配种力，母羊组群隔离配种，并做好标记、记录，建立档案工作。配种结束后种公羊隔离饲养，母羊进入放牧草场混群放牧，进入母羊孕期管理（图4-5-1）。

图4-5-1　阿拉善白绒山羊

分期分批配种、产羔，使能繁母羊和种公羊的体能得到充分恢复，产羔时减轻劳动力的强度，提高暖棚利用，并且能够充分的利用，防止接羔时混乱难以管理，造成不必要的损失，可提高繁殖成活率，也利于有计划的补饲。

（三）羔羊管理

产羔时有暖棚保温，不需要夜间观察，只需要早晨观察羊只基本情况，确保羔羊吃上初乳，提高免疫力；同时编号打耳标、记录建档。天气良好时出圈采光，提高适应能力，7～8d训练食草，17～18d训练食料，3月龄需要留种的遮挡，其他公羔去势，4～5月龄逐步断乳，混群放牧管理（图4-5-2）。

图4-5-2　羔羊管理

（四）科学利用草原

那音太用网围栏划分为夏秋草场、冬春草场，建设有住房、棚圈，水资源方便。每年4月产羔羊以外的羊只（空羊）进入夏秋草场放牧，产羔羊继续在冬春草场放牧，6月全部进入夏秋草场放牧（图4-5-3），配种的羊只分批进入冬春草场实施配种，这样随时转场，促进了牧草的恢复，提高了产草量。

图4-5-3　放牧场

三、基础设施及配套建设

现有优质白绒山羊400只，能繁母羊220只，种公羊2只；草原面积4.4万亩，建设有封闭式草原围栏，草原分冬季放牧场和春季放牧场，住房两套共计300m²，棚圈两座共计1 500m²（图4-5-4），饲草料库150m²，人工授精100m²。

图4-5-4 参观棚圈

四、效益分析及示范效果

阿拉善右旗查斯娜白绒山羊养殖业合作社白绒山羊养殖示范户那音太，2015年为阿拉善白绒山羊现场观摩试点，饲养管理在当地起到良好的示范、带动作用，2017年成立了合作社，养殖绒山羊1 800只，形成合作统一发展，促进了荒漠草原绒山羊产业向高效生态发展（图4-5-5）。

那音太饲养阿拉善白绒山羊400只，能繁母羊220只，年参加配种母羊120只，年产羔羊115只，2017年出栏120只，平均产肉23.25kg，平均56元/kg

图4-5-5 参观养殖合作社

（2017年销售价），计1 302元，合计14.97万元。年产绒毛445斤，收入5.6万元，2017年收入20.57万元。饲草料开支3.5万元，其他管理开支2万元，合计5.5万元。纯收入15.07万元。

那音太利用科学管理提高产肉率和产绒量，而且保证了绒毛品质，降低投入，保护利用了草原，提高了效益。

范例六 暖季草场+冷季农田放牧生态高效养殖模式
——阿右旗刘维柱

一、绒山羊高效生态养殖模式及其特点

阿拉善右旗巴彦高勒苏木乌兰塔塔拉嘎查白绒山羊养殖示范户刘维柱，汉族，现年46岁，初中文化，劳动力2人。现有优质白绒山羊400只，能繁母羊150只，育成母羊60只，种公羊5只；草原面积5 009亩，建设有封闭式草原网围栏，住房120m²，棚

圈200m²。

主要种用羊优中选优、加强淘汰力度，合理安排配产羔时间、优质养殖、科学的饲养管理和草原、农业调配利用模式（图4-6-1）。利用农业副产品养殖，减轻草原压力，恢复植被，保护草原生态，提高经济效益，起到高效生态养殖的示范带头作用。

图4-6-1　阿拉善绒山羊

二、绒山羊高效生态养殖推广技术

刘维柱白绒山羊养殖示范户，加强优质种用羊选择，调整畜群结构，合理安排配种、产羔时间，转场轮牧，利用草原资源和农区种植基地，提高绒山羊品质和经济效益，为阿拉善右旗荒漠化草原保护利用起到示范带动作用。

（一）种用羊的选择与利用

注重种公羊选择，平时关注养殖区内绒山羊养殖户种公羊和群体基本情况，选中的种公羊或者种公羔进行购买和兑换，随时调整种公羊，而且每个种公羊利用2年（图4-6-2），特别优秀的利用3年，分组配种，防止近亲交配，提高群体品质。

母羊利用抓绒时选择年龄在1~4岁，根据每年绒毛测定分析结果绒纤维直径在14.5μm选留种母羊，对绒纤维直径超过14.5μm的、绒纤维短的、产绒量低的、奶羔性能低的严格淘汰；保持结构整齐、繁殖力强、生产性能高、易管理的群体，提高绒山羊品质和群体周转率。

图4-6-2　种用羊

（二）配种与繁殖

选择出能繁母羊，9月底实施配种，翌年2月中旬进入冬场建设有2 000平米的场地接羔，面积大羊只可自由选择地方产羔，利于母羊认羔和泌乳，不会造成产羔时混乱；此时气温回升，不怕新生羔羊冻死、冻伤，利于补饲和羔羊早采食，提高繁殖成活率，促进生长发育（图4-6-3）。

图4-6-3　放牧绒山羊

（三）科学利用草原和农业种植基地

由于草原面积小限制了载畜量，长期放牧对草原破坏力大，只有每年2月中旬繁殖母羊提前进入放牧，3月中旬群体羊进入放牧，抓绒后进入公共草场放牧（图4-6-4），10月中旬租农业种植基地500～600亩进行放牧抓膘（图4-6-5），自己草牧场全年放牧3～4个月，使植被得到充分的恢复，提高了单位面积的产草量。

图4-6-4　放牧场放牧

图4-6-5　留茬地放牧

三、基础设施及配套建设

现有优质白绒山羊400只，能繁母羊200只，种公羊5只；草原面积5 009亩，建设有封闭式草原围栏，草原分冬季放牧场和春季放牧场，住房两套共计120m²，棚圈两座共计200m²，人工授精36m²。

四、效益分析及示范效果

刘维柱2015年被定为阿拉善白绒山羊现场观摩试点，在草原利用、农业种植基地利用和饲养管理方面在当地起到了示范、带动作用，带动嘎查白绒山羊养殖户20户，促进了草原和农业种植同步发展。

刘维柱饲养阿拉善白绒山羊400只，能繁母羊150只，年产羔羊115只，2017年出栏150只，平均产肉22.25kg，平均56元/kg（2017年销售价），计1 246元，合计18.69万元。年产绒毛430斤（1斤=0.5kg。下同），收入5.8万元，2017年收入24.49万元。饲草料开支5.5万元（租地3万元），其他管理开支2万元，合计7.5万元。纯收入16.99万元（图4-6-6）。

通过科学饲养管理和草原、农业种植基地利用，提高产肉率和产绒量，而且保证了绒毛品质，农业副产品充分得到了利用，降低投入（农业种植基地放牧期间不用补饲），提高了经济效益，增加了收入；羊粪还田，改善农田土壤结构，增加肥力，可降低化肥使用量25%~30%，促进了农业、牧业双盈利（图4-6-7）。

图4-6-6　参观养殖示范户

图4-6-7　现场讲解

范例七　以农养牧＋种养结合高效生态养殖模式

——额济纳旗聚源白绒山羊种羊场

一、概述

（一）聚源种羊场基本情况

　　额济纳旗聚源白绒山羊种羊场是在聚源农副产品生产专业合作社的基础上建立的，位于赛汉陶来苏木赛汉陶来嘎查，目前是额济纳旗规模最大的集养殖、育种、销售于一体的白绒山羊生产基地（图4-7-1），品种及饲养规模达标，动物防疫及繁育体系健全。

图4-7-1　种羊场基础设施建设

　　近年来，种羊场秉承"质量＋效益"的发展理念，以培育特色、优质、超细型阿拉善绒肉兼用型白绒山羊为目标，认真贯彻落实行政公署关于推进白绒山羊产业发展的实施意见，在盟、旗畜牧部门技术人员跟踪服务下，引进人工授精技术，落实育种和良种繁育措施，积极开展"1396""1450"超级白绒山羊品种培育工作，使种羊场存栏白绒山羊生产性能、产绒量、绒毛细度等综合性指数得到整体提升。羊绒平均细度由15.21μm达到14.64μm，母羊平均产绒量达到450g、种公羊达到750g，种群质量明显提高。

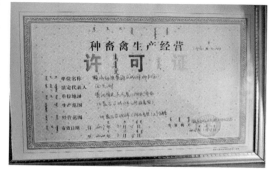

图4-7-2　经营许可证

截至2017年，种羊场年末存栏白绒山羊600余只，其中，优质种公羊6只，优质繁育母羊400只，年生产超细型优质种羊50余只，销售商品羊400余只。种羊场依托旗畜牧兽医站开展饲养管理、疫病防治、育种繁育等技术性工作，2010年获得盟级种畜禽经营许可证；2012年多次与国家级种羊场——阿拉善盟白绒山羊种羊场合作并达成协议，成为该场分场（图4-7-2）。

（二）草场生态、植被情况

额济纳旗地处内蒙古自治区西北边陲。总土面积114 600km²，草地总面积7.87km²，可利用草地面积3.62km²，基本草原2.67km²，属荒漠化草原。蒸发量是降水量的160～200倍，属极度干旱地区。额济纳旗境内戈壁、沙漠、低山残丘、绿洲、滩地多种地形地貌并存，在黑河沿岸形成了绿洲和滩地，生态环境较好，植物物种繁多，植被资源丰富，草地植被以旱生、超旱灌木和半灌木为主，主要建群物种有胡杨、柽柳、梭梭、苦豆子、甘草、芨芨、芦苇、沙拐枣等。沿河和湖泊盆地，有较丰富的中草药资源，是阿拉善白绒山羊的主产区。赛汉陶来嘎查草场为温性草原化荒漠类（图4-7-3），牧草主要以霸王、沙拐枣、白刺、红砂、麻黄等为建群种，为空中牧场的补充。亩产鲜草300～400kg和亩产鲜草50～100kg的4级和7级草场，已逐渐被亩产鲜草50kg以下的8级草场所替代。截止目前，8级草场的面积已占到全旗草地总面积的91.4%。草原面积锐减，草地沙化、退化、荒漠化日益严重，草场大面积退化，全年羊单位需草面积为167.07亩/羊单位。

图4-7-3　赛汉陶来嘎查草场

2000年以后旗政府在不断加大草场灌溉力度的基础上，对不同草场进行了局部围封，并因地制宜的建起了五配套草库伦，同时在植被状况和水肥条件较好的区域，辅以补播、鼠虫害防治、浅耕翻、施肥等人工改良措施，草场植被得到较好恢复。

二、绒山羊高效生态养殖模式及其特点

聚源白绒山羊种羊场因其所在地域的特殊性——沿河草场与戈壁草场结合进行划区轮牧放养，实行以农养牧，种养结合，精细管理的养殖模式。

作为现代种养一体化高效生态养殖发展的典型，种羊场以饲草料种植为基础，实行划区轮牧，实现以草定畜，达到草畜平衡发展（图4-7-4）。种羊场坚持"四位一体五配套"的养殖模式。四位一体即品种优良、技术先进、饲草充足、营养有方，五配套就是圈舍完善、运动充足、加工机械齐备、储草设施齐全、羊均一亩饲草料地保障。

图4-7-4　饲草料地建设

（一）选择优质种羊，调整羊群结构

为了加快白绒山羊选育进度，一是在全盟白绒山羊中心产地进行优质种羊选购，组建优良种群，利用选种选配技术，开展同质选配或异质选配，充分提高优质种公羊的利用率。二是调整畜群结构，根据几年的养殖测算，养母羊的收入高于羯羊，羊群中羯羊和老龄母羊全部淘汰。现在种羊场的基础羊占全群70%左右，每年参加配种的母羊在300只以上，每年接羔350只左右。三是加强种母羊的饲养管理，在半舍饲时，给予母羊优质的饲草料进行补饲，繁殖母羊的生产性能不但不会降低，而且繁殖率明显提高，由一年一胎变为两年三胎。在平时的管理上，将种母羊妊娠期实行强、弱分群，哺乳期实行单羔、双羔分群，使种母羊得到均衡的饲养管理（图4-7-5）。

图4-7-5　草场放牧

（二）优质饲草料种植

根据白绒山羊的营养需要，充分利用饲草料种植基地，种植优质牧草，并通过干草调制以防止饲草发霉、日晒雨淋，保持饲草青绿干脆，尽可能减少牧草在收割加工，储存过程中的营养损失。

（三）适度规模养殖

养殖规模和经营管理水平也是影响养殖效益的两大重要因素，放牧养羊效益与规模成正比，群体规模越大，效益越高。聚源种羊场根据自然因素、草料资源、草场、技术、经营管理水平等条件形成养殖规模，每年的饲养量在1 000只以内（图4-7-6）。

图4-7-6　参观种羊场及饲草料库

三、绒山羊高效生态养殖的关键技术

近年来种羊场基础设施已日趋完善，养殖技术、管理模式逐步成熟，已形成标准化养殖、精细化管理的养殖模式。经过探索，逐步形成了"夏秋草原放牧，晚秋遛茬地，冬春半舍饲"的养殖模式，使草场、种植区茬地的资源得到充分利用。放牧时实行"早出觅食晚归补饲"，即在白天外出放牧，晚上归圈后给予优质饲草料进行补饲。在补饲上种羊场遵循"长草短喂、饲料粉碎、营养搭配"的原则，以提高饲草料的利用率，促进种羊的生长发育。

（一）种公羊管理及饲养

种公羊的选择、培育和利用是育种工作的关键所在。所以，在生产实践中，种公羊的科学饲养技术就显得尤为重要。

种公羊饲料常年保持营养全面、适口性好、易消化，且保证有足量优质的蛋白质、维生素 A 、D 及矿物质。无论是非配种期还是配种期，种公羊常年都保持中等以上体况。在整个配种期内，适当提高种公羊的日粮中的营养水平。其中：混合精料1.2 ~ 1.4kg，苜蓿干草2kg，胡萝卜0.5 ~ 1.5kg，食盐15 ~ 20g，钙磷饲料添加剂5 ~ 10g。每天分2 ~ 3次供给草料，供应充足饮水，并在日粮中增加部分高蛋白质饲料，如鸡蛋、豆粕等，以保持种公羊良好的精液品质。

（二）基础母羊的管理及饲养

对繁殖母羊，要求保持较高的营养水平，特别是怀孕最后两个月以实现胎稳、仔壮的目的。

1. 空怀期饲养

在配种前1 ~ 1.5个月，种羊场就开始对参加配种的母羊给予优质青草或苜蓿草等优质牧草，据羊群及个体的营养情况，给以适量混合精料，保持母羊有较高的营养水平。

2. 妊娠期饲养

妊娠前期因胎儿发育较慢，需要的营养物质少，一般秸秆、青草，适量补饲混合精料即可满足需要，采取自然草场放牧。妊娠后期是胎儿迅速生长之际，初生重的90%是在母羊妊娠后期增加的。这一阶段若营养不足，羔羊初生重小，抵抗力弱，极易死亡。因此，种羊场在此时除饲喂优质牧草外，每只羊每天补饲精料250 ~ 300g。

3. 哺乳期饲养

母乳是羔羊生长发育所需营养的主要来源，特别是产后头20 ~ 30d，母羊奶多，羔羊发育好、抗病力强、成活率高，如果母羊养得不好，母羊消瘦，产奶量少，而且影响羔羊的生长发育。因此，种羊场采取临产、产后的母羊分群饲喂，对于产后体质衰弱，体力和水分消耗很大，消化机能较差的母羊，给予易消化的优质干草和少量的配合精饲料。并且，对于产后的母羊分单羔群和双羔群，进行精细化管理。放牧时，母羊和羔羊分群，时间要由短到长，在恶劣天气时及时赶回羊圈。

（三）羔羊的管理及饲养

1. 吃足初乳

初乳营养含量丰富，具有清泻作用，可促进胎粪排出，并且含有多种抗体。因此聚源种羊场在接羔时，时刻注重产羔情况，对体质较弱羔羊进行人工辅助哺乳，保证羔羊尽早的吃到了初乳。

2. 及早补饲

为了使羔羊生长发育快，生长性能好，除吃足初乳外，还应尽早补饲，不但使羔羊获得更完善的营养物质，还可以提早锻炼胃肠的消化机能，促进胃肠系统的健康发育，增强羔羊体质。聚源种羊场采取羔羊在10日龄左右，开始补饲训练，直到羔羊能够采食时，每天给予优质的青干草和50～100g的混合精料。

3. 适时断乳

羔羊达到4月龄时，全部实施断乳，转入育成期的饲养模式。并且对羔羊进行初步的选择，没有选为后备种羊的羔羊，进行羔羊肥育，适时出栏。通过选择，成为后备种羊的，进入育成期培育，进行放牧加补饲的模式管理。

（四）加强疫病防治

免疫接种是使羊产生自动免疫的一种手段，也是预防和控制羊传染病的重要措施之一。种羊场每年在春、秋两季进行O型口蹄疫和羊三联灭活疫苗注射免疫，以防传染病的发生和流行，并且不定期药浴和驱虫，防止体内外寄生虫的产生（图4-7-7）。

图4-7-7 疾病防控

（五）同期发情、人工输精技术的应用

2017年，额济纳旗畜牧兽医站邀请阿盟农牧局畜牧专业技术员，在聚源白绒山羊种羊场进行人工授精技术示范推广。共对种羊场305只种母羊开展人工辅助配种、同期发情及人工输精。其中：对213只种母羊进行分群人工辅助配种；对92只种母羊进行同期发情和人工输精。92只种母羊只进行了一个情期的人工输精，现已产羔62只（3对双胎），情期受胎率达60.9%。

四、基础设施及配套建设

自2010年种羊场建立以来，在相关部门的大力支持下，通过个人投资、项目扶持，累计投入资金500多万元，养殖场占地面积6 000m²，建成砖木结构暖棚羊舍及散养场4

座约2 700m²，并设有妊娠羊舍、分娩母舍以及育成羔羊舍，对各时期、各阶段羊只、羔羊分别进行饲养管理。

基础设施完善。通过白绒山羊圈舍、羔羊暖棚、饲喂设施、饲草料库的基础设施建设完善，现有饲草料库1 650m²，羊舍1 600m²，育成羊舍240m²，种公羊舍240m²，草料饲喂槽30个。保证了绒山羊育肥、接羔和绒山羊安全越冬。拥有草场6万亩（图4-7-8），饲草料基地1 380亩，并配备现代化耕种、打草、饲草料加工等农机具，养殖区水、电、路各项设施配套齐全（图4-7-9）。

图4-7-8　冬季放牧绒山羊

图4-7-9　基础设施建设

五、效益分析及示范效果

（一）经济效益

1. 产出

（1）年出栏400只×1 000元/只=400 000元；

（2）年出售种公羊30只×1 600元/只=48 000元；

（3）产绒量280kg×230元=64 400元。

2. 成本费用投入

（1）400只繁育母羊饲草料投入87 600元（大部分饲草料自备，羔羊及母羊添加饲草料）；

（2）人工费120元/天×2人=240元×365=87 600元；

（3）水电、防疫等费用约50 000元。

3. 年利润

512 400元（产出）−225 200元（成本投入）=287 200元。

年获利约287 200元。

（二）生态效益

通过休牧模式一是提高了天然牧草的利用率；二是改变了舍饲养羊完全不能放牧的片面认识；三是增加了养羊的经济效益；四是通过放牧锻炼改善了羊只体质状况，降低了疾病的发生；五是有效缓解了养殖户劳动力短缺问题，更值得提出的是这样做不但不会对生态造成影响，而且还减少了天然牧草枯死现象，提高了多年生牧草的生命周期，同时通过采食起到了平茬作用，刺激牧草发芽和生长，羊蹄踩踏使落地草种覆土，促进了牧草的多样性。

（三）社会效益

聚源白绒山羊种羊场年售出种公羊30只，优良基础母羊100只，优良羔羊200只，带动周边35户农牧民从事白绒山羊养殖产业，促进白绒山羊事业逐步发展壮大；增强牧户培育、选育的积极性，鼓励牧民向超细型绒山羊发展方向靠拢，调动牧民自己采样、科学检测的积极性。

（四）示范效果

1. 提高出栏率

阿拉善白绒山羊属肉绒兼用性品种，种羊场通过半放养半舍饲的养殖模式，羊只由三年出栏转变为两年出栏，出栏率由过去的32%提高到现在的45%。公羊平均产绒量500g左右，母羊平均产绒量400g左右，净绒率70%以上。

2. 白绒山羊绒毛品质逐步提高

聚源白绒山羊种羊场的种公羊、基础母羊，近几年通过选购品质优良的种羊、本群优质种羊的培育、选优汰劣的手段，个体羊绒细度经检测效果逐年凸显出来（图4-7-10）。

3. 取得可喜成绩

2017年在阿拉善盟第二届"苍天圣地·白中白"绒山羊种羊评比大会上，由畜牧兽医站选送参赛的聚源白绒山羊种羊场及温图高勒嘎查核心群的12只绒山羊荣获6个奖项，取得了可喜的成绩。其中：成年种公羊组获一个三等奖，育成公羊组获得二个三等奖，成年母羊获得二等奖二个，育成母羊获得二等奖一个（图4-7-11）。

图4-7-10　白绒山羊取样检测

图4-7-11　绒山羊种羊评比大会奖励

模式五

内蒙古鄂尔多斯市鄂托克前旗绒山羊——放牧+补饲高效生态养殖技术模式

一、地理位置及社会经济概况

鄂托克前旗位于内蒙古自治区西南部，地处蒙陕宁三省（区）交界，素有自治区"西南大门"之称。地理坐标为北纬37°44′～38°44′，东经106°26′～108°32′，北与鄂托克旗相依，东与乌审旗相连，南与陕西靖边、定边两县及宁夏盐池县毗邻，西与宁夏陶乐县、灵武县接壤。鄂托克前旗是以蒙古族为主体，以汉族为多数的纯牧业旗。鄂前旗共辖敖勒召其、城川、昂素和上海庙4个镇，68个嘎查村，户籍人口78 320人，其中，农业人口56 378人，非农业人口21 942人。汉族人口占比69.9%，蒙古族人口占比29.9%。2017年，地区生产总值预计完成149亿元，人均GDP达到18.7万元，是自治区人均值的2.3倍；城乡人均可支配收入达到41 575元。本旗经济以畜牧业为主导产业。拥有天然草地9 300.40万hm²，占总土地面积的74.40%。全旗牲畜头数2 126 943头（只），其中，大畜41 558头（牛34 872头、马797匹、驴3 142匹、骡2 676匹、骆驼71峰，小畜2 012 956只（绵羊1 263 474只、绒山羊749 482只）。2017年农牧业总产值12.96亿元，农牧民人均收入17 007元。

二、饲草料供给及生态保护现状

鄂托克前旗属于荒漠草原地带，地带性植被可划分为典型草原、荒漠草原和草原化荒漠三个类型，隐域性植被为低地草甸。该旗温性荒漠草原主要包括平原丘陵荒漠草原和沙地荒漠草原两个亚类；平原丘陵荒漠草原亚类年度间的高低产草量相差3.26倍，年变率为32.63%；沙地荒漠草原亚类在6个大类和亚类中，年变率最高，为39.04%，最高和最低产年份产草量相差4.17倍；温性草原化荒漠年度间高低产量相差3.83倍，年变率为36.95%；沙地草原亚类年度间的高低产草量相差3.05倍，年变率为32.58%；低地草甸类年度间的高低产草量相差3.83倍，年变率为36.32％。鄂托克前旗天然草场的11种草地类型的可利用面积（hm²）、产草量（kg/hm²）、总年产干草（kg）、干物质（％）、蛋白质（％）、钙（％）和磷（％）含量的监测结果可为确定全旗饲草料地种植比例及面积以及最适载畜量提供理论依据（表5-0-1）。

表5-0-1　鄂托克前旗草地类型基本情况调查

草地类型	可利用面积（hm²）	产草量（kg/hm²）	总年产干草（kg）	干物质（％）	钙（％）	磷（％）	蛋白（％）
油蒿、冷蒿、长芒草、草地型	21 664.33	262.95	5 696 636	91.42	1.58	0.06	7.18
中间锦鸡儿、油蒿草地型	86 545.67	248.78	21 530 832	90.12	0.14	1.8	10.94
草麻黄、油蒿、杂类草草地型	6 327.8	233.03	1 474 567	91.02	0.05	1.07	5.31
油蒿、牛枝子、无芒隐子草草地型	7 593.2	236	1 791 995	91.48	1.28	0.1	10.84
冷蒿、牛枝子、无芒隐子草草地型	20 781.53	217.84	4 527 048	92.11	1.6	0.14	10.79
无芒隐子草、短花针茅、冷蒿草地型	9 247.07	210.49	1 946 416	93.36	0.81	0.05	5.7
垫状锦鸡儿、冷蒿、短花针茅草地型	33 839.8	251.7	8 517 478	94.03	1.06	0.08	5.47
锦鸡儿、油蒿草地型	1 376.87	271.74	374 150.7	90.12	1.8	0.14	10.94
红砂、盐爪爪草地型	490.27	238.71	117 032.4	90	1.11	0.1	11.08
芨芨草、碱茅草地型	44 128.47	237.52	10 481 394	90.73	1.06	0.09	7.14
碱茅、杂类草草地型	2 854.4	211.35	603 277.4	91.04	2.46	0.08	7.52

2017年，全旗农作物总播种面积78万亩，其中，饲草料基地68万亩，建设现代农业规模经营基地24万亩，建设养殖园区13处，牲畜饲养量稳定在220万头只，家畜改良率99.7％，平均植被盖度比2000年提高17个百分点。

三、绒山羊资源保护与利用现状

鄂托克前旗绒山羊年饲养量74万只，基础母羊平均个体产绒量625g/只，平均绒细度14～16.5μm，年绒产量400t。绒山羊主要分布在上海庙、敖勒召其、昂素3个镇。北部硬梁区，主要暖季以草畜平衡放牧管理为主，冷季放牧加补饲管理，休牧期舍饲饲养管理；南部软梁区牧区暖季以草畜平衡放牧管理为主，冷季放牧+舍饲管理，休牧期舍饲管理，农区全舍饲饲养管理。提出的三年攻坚行动，目标为提高产品质量和单位产出，逐步培育面向市场、适销对路的优质农畜产品供给侧，检测100万只优质肉羊、10万头优质肉牛、1万吨优质农产品、100吨超细超长羊绒生产基地。

鄂托克前旗于2015年启动建设10万草场规模、5 000只饲养量，投资规模为2 000万元的《西北地区荒漠草原内蒙古超细绒型绒山羊种业创新基地》，为本旗广大绒山羊养殖户提供超细绒型优质种公羊，全面推进绒山羊改良，实施群选群育，规模生产超细优质羊绒。以此提高绒质量，提升绒品质，提高养殖户生产性收入，为超细超长型羊绒的生产提供基础材料，使广大养殖户获得二次性收入。

四、产业发展现状及趋势

鄂托克前旗积极探索落实中央到地方各级政府农村牧区社会保障类政策、公共基础设施建设类政策、生产基础建设类政策、生态补奖机制及相关项目建设，在普遍生产条件下，不改变牧户核定载畜量参数，以科技创新转变生产方式，有效减轻草原生态压力的前提下，大幅提高产出，提高品质，实现以增收为特征的新的生产方式，达到生态减压、提高产出、二次增收。在饲养管理过程中执行相关技术规程，疫病防控、品种改良、个体选育、草畜平衡、舍饲管理、日粮配方、饲草种植、营养调控、接羔保育、分群饲养、剪毛抓绒、育肥出栏等等管理，执行鄂托克前旗《农业标准》进行。在绒山羊产业发展方面，旗政府及其相关部门鄂托克前旗"自治区荒漠草原绒山羊高效养殖产业人才团队"与内蒙古农牧业科学院等多家科研院所及大学院校做出了许多相关工作，特别是2013年国家公益性行业（农业）科研专项——西北地区荒漠草原绒山羊高效生态养殖技术研究与示范项目的实施，对该旗绒山羊产业发展起到了极大的促进作用，研究并构建了鄂托克前旗绒山羊高效生态养殖模式。在实施禁牧、休牧、以草定畜、草畜平衡草原保护政策的大背景下科学合理解决农牧业发展与保护生态的技术问题，实现了农牧业增效、农牧民增收、草原生态环境改善和谐发展的同时，切实保障畜产品安全有效供给的改革与科技创新的新的生产途径。

五、绒山羊高效生态养殖模式

该旗遵循自然规律，根据气候变化和牧草生长成熟及枯草期状况，建立生态型、科学型、环保型的高效生态养殖模式，整合草地合理利用、放牧营养管理、高效繁殖改良、疾病防控及种养殖全程机械化等多项技术集成应用的基础上进一步深入改革创新，推广自主创新技术成果的应用，有效降低生产成本、管理成本、节约牧草及饲料资源，提高产出，提高品质实现增收。集成配套推广应用的自主创新技术有：遵循四季气候变化规律的生态养羊技术；光控增绒多功能羊棚的广泛建造与应用技术；舍饲补饲饲草料，实行"按方种植、配方饲喂"饲喂的营养调控技术；草原植被适时动态监管"3S"技术；饲草料配方加工、搅拌、投料全程自动化数字化饲喂技术；绒山羊饮水、饲草料地灌溉自动化数控技术；草库伦可视化监控、围栏门自动控制管理技术；牧区远程信息化管理模式等模式的有机集成融合用于农村牧区广大绒山羊养殖户。使用自主创新专利技术30多项。包括常规的生产模式、新的生产模式均执行国家、地方、自治颁布、试行技术规程（近30项技术规程）。此基础上，进一步建立了"禁牧不禁养、减畜不减肉、减畜不减收"的新型良性生产方式，确保了该区域绒山羊高效生态的养殖模式。

范例一　全年舍饲条件下的光控增绒饲养模式

——三段地现代农牧业科技推广示范园

一、绒山羊高效生态养殖模式及其特点

鄂托克前旗三段地现代农牧业科技推广示范园建于2005年，于2009年9月初竣工，由种植示范园、养殖示范园、活畜交易市场、农牧民培训中心、农牧业科技展厅五部分组成。园区主要示范、研究荒漠草原现代农牧业新模式、新技术、新措施，重点围绕绒山羊增绒、肉羊三元杂交、全营养果菜种植、农牧机械化等技术内容进行研究、示范，是全旗农牧业新技术研发试验示范推广基地。在现代农业基地建设上，积极鼓励扶持农牧民专业协会的发展，充分发挥协会外联市场、内接农牧户的服务职能。依托目前的农业政策，集中推广耕作机械化、灌溉节水化、施肥配方化的现代种植模式，重点打造规模型、集约化现代农业基地，并通过与市场的对接、渠道的建设实现销售的快速增长。针对区域优势，积极发展绒山羊高效养殖生产，以牲畜交易市场为依托，坚持农、科、教、企相结合，市场化运作，企业化管理，产业化开发，多渠道投入的原则，发展以育肥羊、种公羊等为主的特色养殖业，注册成立了三段地蒙可农牧业专业服务合作社和科丰育肥羊产业合作社等农牧民专业合作经济组织。为养而种，以种促养，种养结合，不断做大做强绒山羊养殖产业，引进孵化和深加工设备，形成繁殖、饲养、加工为一体的产业化经营龙头企业，加强"社区+市场+基地+农业+合作社"的产业发展运作模式，形成以科技技术集成为支撑的现代高效绒山羊养殖模式。

二、绒山羊高效生态养殖的关键技术

（一）光控增绒技术

利用绒山羊光控增绒专用多功能棚，按每年5月1日—10月15日为光控限制日照期，绒山羊在此期间每天16：30—次日9：30赶入棚内为限制日照管理时间（图5-1-1），其余时间为放牧、饲喂、饮水、改良配种、常规防治、自由活动时间。9月20日左右开始延长每日限制日照时间1小时，持续7～10d，在此基础上再延长每日限制日照时间1小时，持续7～10d，以此类推再延长1小时至10月16日全部解除限制日照时间，绒山羊回归自然节律长绒。具体按照《绒山羊暖季限制日照增绒饲养管理试行技术规程》进行。其他饲养管理过程按照常规标准进行。绒山羊限制日照增绒的限时放牧导致草场植被"四度一量"显著提高，体侧绒纤维长度达到5.5cm可剪一茬绒（约在9月底进行，翌

年抓绒期再抓一次绒），或在翌年抓绒期一次抓绒。实践表明，一次抓绒平均个体增绒50％；二次抓绒平均个体增绒率达到70％。

图5-1-1　光控增绒棚圈

（二）饲草料供给技术

春季三个月禁牧舍饲期，饲草料为秸秆、玉米、紫花苜蓿按舍饲规程每日分上午、下午饲喂（养羊舍饲管理技术规程（试行）），按照按方种植、配方饲喂模式、自由饮水、饲料舔砖舔食，其他管理按常规饲养方式进行。每年7—10月，全放牧饲养，约在2等1级以上放牧草场实施草畜平衡、以草定畜限时放牧，按相关技术规程执行，无需划区轮牧放牧，草畜植被动态变化情况有自主创新的"3S"数字化监管技术模式进行监管。实践表明地上生物量不是减少，而是在不断增加，但绒山羊光控增绒饲养在暖季牧区放牧草场"四度一量"增加的前提条件是，每年的春季禁牧期结束后要以草定畜、草畜平衡限时放牧（图5-1-2）。

图5-1-2　饲草料地

（三）放牧＋补饲营养管理技术

1.饲草料平衡供给及营养调控技术研究

为了解决饲草料无目的、无计划种植，控制天然草场载畜量，补充放牧家畜粗饲料的不足，根据天然草场草产量、粗蛋白供应量家畜营养需要量及日粮组成等综合因素，采用"测草配方"技术，制定家畜营养与饲草料地（饲草料种类、种植比例）种植匹配方案。

2. 母羊冬季放牧+补饲管理技术

妊娠后期的绒山羊母羊主要采用放牧+补饲技术。补饲期90d，补饲时间为每年的11月上旬至翌年的3月下旬。根据对荒漠草原冬季12月的牧草营养价值的分析测定，显示牧草的粗蛋白质（CP为6.0%）含量低，纤维物质（NDF为76.9%与ADF为39.8%）含量高，粗灰分（12.5%）含量与钙（1.0%）磷（0.05%）比例不平衡。根据当地的饲草料供给现状，对单双羔母羊进行不同的补饲方案。母羊补饲日粮由60%～65%的粗饲料与35%～40%精饲料构成，补饲期分为补饲前期（12月1日至1月31日）和补饲后期（2月1日至3月31日）2个阶段。基础母羊在11月初进行人工授精，预产期预计在翌年4月。各组母羊的饲养管理相同，每天自然放牧，自由饮水。

3. 泌乳母羊春季休牧+舍饲技术

内蒙古白绒山羊母羊主要集中在3月下旬到4月上旬产羔，产羔后的泌乳母羊需要摄取大量的营养物质以分泌乳汁供给羔羊，但此时泌乳母羊摄取的营养物质难以保证维持需要和泌乳的需要，所以对泌乳期母羊进行科学补饲是必要的。结合西部荒漠草原的气候条件和草原生态特点，为了有利于草地生态的恢复，从4月初开始对绒山羊饲养实行休牧舍饲制度约3个多月。休牧舍饲前期即泌乳前期，为每年4月1日至5月31日，舍饲后期即泌乳后期，为每年的6月1日至6月30日。泌乳母羊群全部进行休牧舍饲，分为产单羔母羊群与产双羔母羊群，分群饲喂。休牧舍饲的饲料种类以当地较为方便的粗饲料为主，精饲料为辅，有条件的地区粗饲料中最好有一些青干草与青贮饲料。绒山羊的休牧舍饲日粮通常由65%～70%的粗饲料与30%～35%精饲料构成。在泌乳前期，产单羔母羊与产双羔母羊的日补饲的日粮干物质量分别为1.57kg和1.75kg为宜。在泌乳后期，产单羔母羊与产双羔母羊的日补饲的日粮干物质量分别为1.39kg和1.49kg为宜。

4. 羔羊高效育肥技术

绒山羊羔羊生产主要有放牧育肥、放牧+补饲育肥和舍饲育肥三种，但受草原面积和生态环境限制，使得放牧+补饲育肥与舍饲育肥成为目前绒山羊育肥的重要生产方式。断奶羔羊舍饲育肥期间日粮干物质基础的精粗比例育肥前期为40：60，育肥中期和育肥后期均为50：50。补饲粗饲料在出生后5天进行。补饲的粗饲料一般为苜蓿干草，自由采食。补饲精料补充料在出生后1周进行，每周补饲量递增。一般情况下，一只断奶羔羊在舍饲育肥期间需要储备粗饲料46～48kg，精饲料40～42kg。

（四）高效繁殖改良技术

把绒山羊由粗绒型向细绒、超细绒型改良，提高绒品质兼顾肉品质，大幅提高产品附加值，实施标准化生产模式。高效繁殖改良主要采用同期发情、诱导双羔、精液冷冻技术和胚胎移植为主要的繁殖技术模式，提高绒山羊的繁殖效率。

1. 同期发情技术

利用同期发情技术，可以使山羊的妊娠同期化、分娩同期化、出栏同期化，降低饲养管理成本。

2. 诱导双羔技术

诱导双羔技术是通过双胎素处理的方法来诱导母羊产双羔。鄂尔多斯市鄂托克旗内蒙古白绒山羊种羊使用双羔素处理后，产双羔相比提高12%～16.7%。而且在饲养环境差的情况下，使用双羔素处理，可以降低怀孕母羊发生流产的比率。

3. 精液冷冻技术

内蒙古白绒山羊精液冷冻技术是采用氟板液氮熏蒸法制作冻精颗粒，装入液氮罐提筒内或贮精罐内保存。

4. 胚胎移植技术

胚胎移植技术主要用来提高优秀母羊的繁殖潜力。一只优秀的可繁殖母羊在正常情况下可以利用7年，平均每年可产羔羊1.25只，一生能繁殖后代10只左右。通过胚胎移植技术，采用生物药品超排处理、受体羊同步处理、人工鲜胎移植等操作，每次可提供合格胚胎8枚以上。如果母羊在壮龄期只利用3年，每年2次处理，可提供合格胚胎50枚，鲜胚移植成功率目前达60%以上，优秀母羊一生可生产后代30只，是常规繁殖的3倍。

（五）疾病防控技术

贯彻"以防为主，防治结合"的方针。牧场日常防疫的目的是防止疾病的传入或发生，控制传染病和寄生虫病的传播。预防免疫所用的疫苗、药品必须是国家法定允许的，并选择适宜的预防免疫程序和方法。应依照《中华人民共和国动物防疫法》及其配套的法规要求，结合当地实际情况和不同家畜品种，制定疫病监测方案及应急预案。执行改良技术规程《羊人工授精技术规程（伊Q/T鄂托克前旗007-2001）》、常规防治，执行常规防治规程（绵羊痘防制技术规程（蒙DB521-89）、羊快疫、肠毒血症、猝狙防制技术规程（DB15/T98-93）、羊疥癣病防制技术规程（DB15/T207-95）、脑包虫病防制技术规程（DB15/T289-1998）、口蹄疫防制技术规程（DB15/T206-95）。使用兽药进行疾病的预防、治疗和诊断时，应在兽医指导下进行。所使用的兽药质量应符合《中华人民共和国兽药典》《兽药质量标准》《兽用生物制品质量标准》和《进口兽药质量标准》的规定。兽药的使用方法应符合《兽药管理条例》的有关规定。兽药使用应该建立并保存消毒记录、动物的免疫程序记录、患病动物的治疗记录，所有记录资料应在清群后保存两年以上。

三、基础设施及配套建设

三段地牲畜交易市场，是一处进行活畜交易的大型畜产品交易市场。市场内包括小畜交易区、大畜交易区、仔猪交易区、禽类交易区、绒毛皮张交易区等功能区，2005年12月被命名为"中华人民共和国农业部认定活畜交易市场"。2008年，投资100万元，完成了市场场地硬化和棚圈设施改造，优化了了市场环境。2014年，扩建交易场地4.2万m²，总面积扩大到6.4万m²，新建大型交易棚5处，设置活畜交易栏380个，硬化19 800m²；启动信息化服务平台建设，安装信息显示屏及控制系统，实现与计算机联网发布信息，全面提高市场综合服务水平。

四、效益分析及示范效果

鄂托克前旗三段地现代农牧业科技推广示范园经过长期的生产实践，积极探索牧区、农牧户生产机械化、自动化数字化发展，自主研制出了一系列配套的创新技术与专利技术，如：草原植被适时动态监管的"3S"监管技术；饲草料配方加工、搅拌、投料全程自动化数字化饲喂四种专利技术："自动饲喂机ZL201220074816.5""数字饲喂机ZL201320379253.5""数字饲喂机及数字饲喂机控制方法ZL201310265862.2""自动喂养槽ZL201120305321.4"；绒山羊饮水，"牧区饮羊自动供水器（ZL201120284308.5）""全自动畜牧饮水槽（ZL201320379254.X）"饲草料地灌溉自动化数控模式；草库伦可视化监控技术，围栏门自动控制管理模式"智能网围栏门（ZL201520628593.6）"；牧区远程信息化管理等技术的有机集成融合"一键式自动饲喂机""自动饮水器""自动控制的畜棚"等多项自动控制装置研究获得国家专利，投入到生产实践中后大大提升了牧区机械化、自动化、智能化水平，降低了劳动强度，提高了劳动效率和生产率。这些自主创新成果与国家农业机械化政策结合，基本实现了荒漠草原广阔的牧区，饲草料耕、种、播、收全程机械化；节水灌溉、施肥、除草全程智能化、机械化；饲草料加工、配方搅拌、投料全程智能化、机械化，草原植被管理及草畜平衡适时监管等填补了牧区畜牧业生产管理的多项空白，有效提高了牧区舍饲环节的生产效率、大幅度降低了劳动强度、提高科技贡献率和农牧民的幸福指数。

园区坚持以市场化来推进农牧业产业化，充分发挥基层组织和经济人队伍作用，快速做大做强市场整体规模，拉动了以羔羊育肥为主的畜牧业生产基地和特色种植业基地快速发展，形成了人流、物流、资金流、信息流的交汇，为推动农牧业产业化发展和实现农牧民持续增收致富注入了强大活力。据统计，全年市场交易量达到100万头只，交易额达10亿元。农牧民年纯收入增长6 000元，解决了周边1 500～2 000人的就业，而且市场功能日趋完善，带动了三段地社区第三产业的发展。三段地牲畜交易市场已经成为蒙、陕、甘、宁地区交易量最大的农畜产品交易市场，为当地的农牧民解决了农畜产品市场化的问题，也为农牧业发展提供了新的模式。

范例二　草地保护改良+适度放牧生态高效养殖模式
——北极神绒牧业研究所

一、绒山羊高效生态养殖模式及其特点

鄂托克前旗北极神绒牧业研究所试验示范基地位于鄂前旗城川镇哈日色日嘎查，由试验草场、种植区和养殖区组成。北极神绒牧业研究所依托于该嘎查地区优势，积极开展天然草地补水补播、三化草地快速治理、草畜平衡及绒山羊高效生态养殖模式的示范推广。哈日色日嘎查位于城川镇政府西北65km处，嘎查阵地距旗府敖勒召其镇45km，地处无定河流域区内，北与敖勒召其镇接壤，西与呼芦素淖日、马鞍桥村相连，南依巴彦希里嘎查，东邻克珠日嘎查；地势区位优越，南至白泥井，东至城川，西至三段地等市场。全嘎查总面积36万亩，其中，可利用草场19万亩，水浇地8 005亩（优良牧草1 200亩）；牲畜总头数7 729头（只），其中，大畜700头，小畜7 006只。本嘎查坚持把草原生态保护和建设摆在全嘎查工作的首位，本着"保护优先，加快建设，合理利用，依法管理"的方针，认真落实"草畜平衡"和"休牧、禁牧、轮牧"两项基本制度，加快草原植被建设和生态治理的步伐，畜牧业生产在生态环境保护和建设中发展。在"立草为业、以草定畜"观念的形式和发展中推行草畜平衡责任制，恢复草原生态建设工程，注重草畜平衡、禁止超载放牧、加强清理非牧户工作力度，立足草原建设，加快发展畜牧业生产逐步走向集约化、产业化的轨道。实行春季休牧工程，3月20日至6月20日按时进行整体休牧，所有牲畜全部圈养，80%的牧户将草场区划为3小块以上或建成打草场和放牧草场，实现了划区轮牧。

二、绒山羊高效生态养殖的关键技术

草地畜牧业生产是以植物为第一性生产，以家畜为第二性生产的能量和物质的转化过程。只有草—畜之间形成均衡协调的能量转化与物质循环，才能保证畜牧业生产的稳定与扩大再生产的顺利进行。在草地畜牧业生产中，放牧是家畜从草地牧草中获得能量和物质的重要途径，是天然草地上放牧家畜与牧草之间的一种正常的食物链关系，也

是目前为止成本最低的生产经营方式。但是，过度超载及外界条件因素导致的草地退化现象严重。因此，建立合理的放牧制度，合理利用草地资源，是维持草地正常结构和功能的必要条件，是保护草原生态系统的基本依据。根据鄂托克前旗的自然与社会条件现状，将草地合理利用的方式总结如下。

（一）禁牧、休牧、划区轮牧与限时放牧

鄂托克前旗主要草原类型属于丘陵荒漠草原亚类和沙地荒漠草原亚类。根据现有生产条件以及牧民生产发展计划，实施"以草定畜"为主要内容，禁牧、休牧、划区轮牧、限时放牧为主要措施的草畜平衡政策。根据草原植被覆盖度、草牧场建设与管理、牧草质量等情况，进行分等定级管理。将草牧场划分为5个等级，并对不同等级的适宜载畜量作相应调整。草原干草产量低，平均为600kg/hm^2。按照草场利用率40%～50%计，载畜量为0.69～0.86hm^2/羊单位。通常一等草场0.80hm^2/羊单位、二等草场1hm^2/羊单位、三等草场1.5hm^2/羊单位、四等草场2.1hm^2/羊单位、四等以下草场实施禁牧围封。草场等级每年评定1次。

草地合理利用主要将禁牧、休牧和划区轮牧相结合。禁牧、季节性休牧是草地合理利用的前提，是草地资源可持续的基础。每年的3月1日至6月30日为休牧时间，绒山羊饲养方式为舍饲；7月1日至11月30日为自然放牧时间，采用划区轮牧制度进行放牧饲养；12月1日至翌年2月28日的饲养方式为放牧加补饲的半舍饲饲养，放牧时主要采用划区轮牧的放牧制度。在绒山羊实际生产中，通常在确定草场载畜量的基础上，编制划区轮牧方案，按计划利用草地。荒漠类草地的牧草再生性相对差，放牧频率一般不超过2次；在放牧周期不少于50天的限制条件下，牧民一般根据各季放牧期的长短和载畜量，决定放牧小区的数量、面积和放牧天数。实践证明，季节性休牧与划区轮牧是保护草原的有效途径，确保牧草在返青期充足生长。

（二）补水补播草地改良技术

草地补播是在不破坏或少破坏原有植被的情况下，在草群中播种一些能适应当地自然条件、有价值的优良牧草，增加草群中优良牧草的种类成分，以达到提高草地的覆盖度、产草量以及改善牧草品质的目的。

选择退化严重、地势平坦、草群盖度低于15%、有机井及喷灌设施的草场进行补播，选择紫花苜蓿、沙打旺、草木樨等豆科牧草，在6月中旬至6月末或雨前补播（播后无降雨的情况下，以喷灌方式补充土壤水分）。补播当年、第二年禁牧，第二年起牧草可刈割利用。

补播草地原有植被以石生针茅和无芒隐子草为主要建群种，伴生种主要包括牛枝子、阿尔泰狗娃花、蒙古葱、猪毛菜等。植被群落平均高度7.8cm，平均盖度16%，

平均干草产量750kg/hm²。增雨（喷灌）补播加快了植被恢复速度。除补播的牧草成分外，天然草地植被群落组成成分增加，优良牧草成分增加。补播的优良牧草生长迅速，成为草群中优势植物，盖度由项目实施前的16%增加到58%，产量由项目实施前的750kg/hm²增加到10 500kg/hm²，产草量增加了14倍，大大提高了草地的初级生产力。

（三）草地改良技术"三化"草地快速治理

采用短期禁牧、多种牧草种加密免耕混播（柠条、苜蓿、草木樨、沙打旺、沙生冰草等）、大型喷灌补水（播种到收割喷灌约10～12次，需水量700～750mm）等措施，快速恢复植被效果明显。改良草地实施项目后，优良牧草群比例开始占优势，有较强的侵占势力，使地上植物群落得到调整，生物量迅速提高，补水区生长更加旺盛。严重盐渍化的地面盐碱逐渐消退，牧草先从低洼地开始生长且长势旺，周边突出沙地随风逐渐填埋低洼地最终被植被覆盖（图

图5-2-1　改良的草地

5-2-1）。经4年治理之后项目区，地上植物种类由7～8种增加到24～26种（其中，多年生草本植物为主），高度、盖度、多度显著增加，提高载畜量近10倍左右。监测结果显示：暖季放牧草场（严格的禁牧休牧和草畜平衡的前提下）平均高度16.2cm、多度87株（丛）/m²、盖度48.8%、地上生物量124.2kg/亩；项目区三化草场治理前，平均高度7.1cm、多度23株（丛）/m²、盖度31.3%、地上生物量38.3kg/亩；项目区三化草场治理后，平均高度46cm、多度247株（丛）/m²、盖度85.4%、地上生物量376.2m²/亩。

三、基础设施及配套建设

鄂托克前旗北极神绒牧业研究所试验示范基地位于鄂托克前旗城川镇哈日色日嘎查，主试验草场面积6 000亩（图5-2-2），附带区20 000多亩，配套主试验草场、试验棚圈及附属设施设备，试验动物为绒山羊、肉羊、肉牛。基地是2011年、2012年两次全国绒山羊增绒技术推广与培训现场会主要参观点，中国科协、财政部命名为"科普示范基地"、鄂尔多斯市"试验特色科技产业化基地"、鄂托克前旗"高层次人才创新创业基地"。基地为绒山羊光控增绒首次发现点和主要试验基地。近30年来，接待

图5-2-2　试验草场

国内外参观考察的各地区领导、专家、媒体记者及本领域专业技术人员、农牧民已超过5 000人次。

四、效益分析及示范效果

（一）效益分析

通过各项技术的研究集成及示范推广，大大减少了对荒漠草原项目区天然草地的生态压力，降低传统的无序盲目利用强度，有效节约草地资源，开辟了新的饲草料来源，减少了放牧对天然草地的压力，基本解决了原有草群组成单一，结构简单，草群质量低劣的问题，牧草品质有较大提高，为天然草地植被恢复和生态平衡创造了良好条件。根据天然草场草产量、粗蛋白供应量及家畜营养需求量等综合因素，补充放牧家畜粗饲料营养不足，弥补其营养亏缺，优化配置饲草料地种植结构，改变不合理种植现状，以达到饲草料营养平衡供给的目的。集成技术的研究与推广，为牧区家畜生产提供了营养均衡的饲草料，促进了现代畜牧业的发展，特别是为绿色有机畜产品生产提供了有力的保障与支持。同时降低了由不确定因素影响草原生态畜牧业发展的风险，保护草原生态环境，在一定程度上达到了草畜平衡的优化模式，为荒漠草原合理利用与保护建设以及当地生态家庭牧场的健康、可持续发展奠定了良好的基础。探索了荒漠草原生态植被利用与保护矛盾，从绒山羊的生产这个源头切入、自主创新、引进技术、集成应用，有效促进了生产力的发展、大幅度提高了科技贡献率，使生态脆弱的荒漠草原能够在"利用中保护，保护中利用"的可持续利用的方式上来。通过"西北地区荒漠草原绒山羊高效生态养殖技术研究与示范"项目的实施，构建出本地区绒山羊高效生态养殖新模式。

（二）示范效应

该基地是创新创业人才团队的主试验场，是蒙古高原绒山羊高效生态养殖研究院士专家工作站试验基地，2016年列入中国科协和财政部"基层科普行动计划"农村科普示范基地。基地是我旗唯一评定为区、市两级创新创业人才团及鄂前旗科技富民强县创新人才团队的主试验场，是蒙古高原绒山羊高效生态养殖研究院士专家工作站试验示范基地，是我旗多项农牧业科技成果的诞生地，所获成果先后全部转化于生产实践，其代表性成果绒山羊增绒技术，已辐射推广至蒙古国、新疆、甘肃、陕西、内蒙古阿拉善等国家和地区。通过试验、示范、推广，已完全形成了核心区、辐射区、示范区。先后取得多项农牧业科技成果，并推广应用于生产实践，其代表性成果是绒山羊增绒技术。肉羊三元杂交养殖模式已覆盖全旗，限制开发区和优化开发区的肉羊养殖区，并辐射至周边省区；研发的自动控制系统和自动化饲喂机已辐射旗内外。2010年5月18日，绒山羊增绒技术通过自治区科技厅科学技术成果鉴定。之后通过国家绒毛用羊产业技术体系组织的专家鉴定委员会两次现场鉴定，其综合结果为：平均每只羊增绒率达到50%～70%，暖季放牧草场压力减轻约50%以上，地上生物量明显增加。这项技术曾被编入全国农村牧区党员干部现代远程教育网络中，中央电视台七套《科技苑》《农广天地》《每日农经》播出《"三条腿"走路的阿尔巴斯绒山羊》《一年多产一茬绒》《一年产两茬绒的绒山羊》科教栏目及中国网络电视台做过专题报道，内蒙古电视台专题报道两次。2012年绒山羊增绒技术获中国第七届"发明创业奖"。2011年至今，国家绒毛用羊产业技术体系以及全国畜牧总站，在鄂托克前旗先后多次召开全国绒山羊主产区光控增绒技术培训与推广现场会。2013年后，在国家公益性行业（农业）科研专项—西北地区荒漠草原绒山羊高效生态养殖技术研究与示范项目推动下，鄂托克前旗先后出台"三补政策"，按照试行技术规程每年以100户的规模推进。同时技术培训和项目交流，逐步推广到新疆巴音郭楞州、昌吉市，拉萨市郊区，陕西神木、子洲，安塞，榆阳、衡山，阿拉善盟，蒙古国南部省等地区，也被列为国家绒毛用羊产业技术体系"十二五"重点项目之一，全国草食畜牧业发展规划"十三五"绒山羊发展措施之一。

模式六

内蒙古呼和浩特市大青山绒山羊——良种繁育标准化高效生态养殖模式

一、地理位置及社会经济概况

大青山位于内蒙古中部，阴山山脉的中段，境内多为山地，为中国内、外陆河流域的分界线，在我国自然地理区域划分中有着重要的意义。同时也是我国正北方第一道东西横卧的高山，是阻拦寒流和沙尘暴的重要生态防护屏障，具有极为显著的生态防护功能。这里是华北植物区系的北界，也是蒙古高原植物区系的南界，历来是植物地理分区的重要界线。该地区东起内蒙古呼和浩特大黑河上游谷地，经呼和浩特市，西至包头昆都仑河。东西长240多km，南北宽20~60km。

大青山地区属典型中温带半干旱大陆性季风气候，主要气候特点是冬季漫长寒冷，夏季短促温热，春季干旱多风，秋季日光充足。气温日较差和气温年较差大，冷热变化大，无霜期118~128d，年平均气温3.3℃，1月最冷，平均气温-14.4℃，年极端最高气温32.1℃，年极端最低气温-32.6℃，境内空气较为湿润，历年相对湿度在50%~57%，春季，气温升高，土壤解冻，青草露头，播种开始；夏季来临，雨季开始，气温高，多雷雨、山洪、冰雹；秋季开始，牧草变黄，冬季约在（11月至翌年2月），冬季开始，土壤冻结，树叶完全脱落。

二、饲草料供给及生态保护现状

大青山属山地森林—灌丛—草原生态系统，境内有天然森林11.3万亩，天然草场36.5万亩，人工林15.8万亩，人工草场6.4万亩。大青山境内植物种类繁多，如柴胡、防风、秦艽、芍药、大黄、黄芩、沙棘、樱桃、山杏、红柳等，都具有很高的药用价值和饲用价值。该地区山体上阴、阳坡山地植被差异明显，阴坡主要为针叶林和夏绿阔叶林，阳坡主要为山地草原，是半干旱区山地植被的基本特征。根据《内蒙古大青山高等植物检索表》（2005年版）收录，该地区有高等植物131科、473属、1 007种野生植物，其中，苔藓植物有33科、68属、109种，蕨类植物有11科、14属、24种，裸子植物有3科、7属、12种，被子植物有84科、384属、862种（图6-0-1）。丰富的植被组成造就了当地优美的生态环境。种类繁多的牧草和组成丰富的植被，给当地绒山羊饲养提供了营养价值较高饲草料，同时也提高了对山地草场资源利用，进而降低饲养成本。随着大青山地区畜牧业发展强劲的势头，当地畜牧业基础设施建设也取得较大改观、科技含量也在逐渐提升。通过不断优化畜群畜种结构，改进生产经营方式，及时淘汰老弱病残家畜，并利用当地优势的自然资源，精准养殖，不仅收入上有了一定的提高，而且对于大青山生态环境建设有一定的促进作用。

图6-0-1 大青山植被与饲养的羊群

三、绒山羊资源保护与利用现状

大青山绒山羊属于内蒙古绒山羊九大类型之一，因其分布在大青山沿线一带的土默川平原和沿黄一带以及大青山山区而得名。大青山绒山羊产区包括土左旗、武川县、托克托县、和林县、赛罕区、土右旗、固阳县等地，饲养群体数量达到200余万只。大青山一带的一些农牧民祖祖辈辈一直以饲养大青山绒山羊为生，养羊收入是他们唯一的生活来源。前些年由于养殖户过度追求羊绒产量，长期引入辽宁绒山羊进行杂交改良，虽然羊绒产量有所提高，但品质明显下降，而且由于养殖户长期"重绒轻肉"，大青山山羊优良的肉用性能没有得到选育提高，加上其养殖结构不合理，育种、繁殖技术落后，群体周转不科学，选育改良效果不明显，各项生产性能均较低，养羊所带来的效益逐渐下降，导致农牧民处于贫困的尴尬局面。

大青山绒山羊属于内蒙古绒山羊的其中一个类型，具有耐粗饲、适应性强等特点。主要分布于内蒙古阴山山脉大青山段及南北沿线一带，该地区目前存栏绒山羊规模在200万只左右，是当地近万户和3万多农牧民赖以生存的生产资料。该类型山羊属绒肉兼用型，由于长期引入辽宁绒山羊进行杂交改良，虽然产绒量有所提高，但其绒细度涨幅同样较大，羊绒品质优势已基本失去，生产羊绒所带来的效益逐年下降。加之，近几年

随着羊肉价格持续上涨，山羊肉日趋走俏，肉用性能取代产绒性能越来越受到了人们的重视，这就为发展大青山肉用山羊产业，改良当地绒山羊向肉绒兼用方向发展提供了契机。但由于其本身肉用遗传性能偏低，应用本品种选育效果不明显，有必要引入具有肉用性能突出的绒山羊品种或专门化肉用山羊品种进行杂交改良，然后通过建立良种繁育体系，采用现代选种选配方法，结合先进分子育种技术，提高其肉用性能，进而培育形成肉绒兼用型大青山山羊新品种。以品种（系）培育为主线，核心群良种繁育体系建设为支点，营养调控、疫病防控为保障，集成一系列标准化养殖关键技术标准及规程。最终通过羊肉加工及品牌创新为龙头带动，采用边研发、边推广示范的方式，全面带动大青山绒山羊产业的健康发展。

四、产业发展趋势或现状

阴山山脉大青山段境内拥有天然森林11.3万亩，草牧场36.5万亩，拥有野生种子植物1 000余种，其中，药用植物多达200多种，在这里常年自然放牧、人工散养的山羊，屠宰后其肉质鲜香、味美多汁、无膻味、高蛋白、低脂肪、低胆固醇，符合大众消费口味，满足养生保健需求。

随着经济发展，消费者对于肉品消费的多样化需求越来越明显。从最初的"吃到肉"阶段及随后从消费心理方面对肉品消费的"吃饱"阶段基本接近尾声，目前更多的消费观念在认同"吃好肉"。就单纯的肉品质而言，"好肉"对于消费者如何选择是一个相对的、矛盾的过程，例如鲜嫩其实是对羊肉提出的一个综合要求，而目前市面上很多的羊肉（绵羊肉）及其产品更多的是放在"嫩"上，不论是散养、舍饲还是规模化的育肥模式，在短时期内的利益驱动下，羊肉及其产品的"鲜"味成分的积累明显不足，更多的是依赖烹调佐料及调味品的调香以达到刺激消费者感官上的满足，甚至掩盖了羊肉本身应固有的"鲜"味，而对于羊肉及其制品方面崇尚自然、追求本真的消费需求得不到满足。另一方面，仅从市场价格上，"鲜"（山羊）肉和"嫩"（绵羊）肉在市场上就相差5～8元/斤，这也与绵羊与山羊的养殖周期密不可分，在旅游餐等特色饮业上两者价格相差更大，以自然、精致为主题的高端产品更是山羊肉精细产品主导了这一市场。

从山羊养殖的长远发展来看，仅仅依靠山羊绒毛提升和体现其商品价值、改善民生需求已得不到满足；同时从追崇自然肉品方面，山羊常年的散养放牧方式也正适应了消费需求。因此，肉绒兼用型山羊必将得到迅猛发展，也将凸显山羊养殖业新的经济增长点。依此确立了当地以政府牵头、企业执行、农民参与的一体式思维推动山羊肉产业的高速发展，确立以内蒙古阿尔巴斯白绒山羊改良大青山绒山羊的思路，形成了较好的良种肉绒兼用型山羊养殖、生产基地，最终意在逐渐构建"依山牧羊、良种快繁、合理养殖、规范屠宰、精细分割、加工销售"等为一体的完整大青山山羊肉产业链，以带动更多的农牧民增加收入，使当地养殖户养山羊脱贫。

五、绒山羊高效生态养殖模式

在大青山地区开展大青山绒山羊高繁和绒肉兼用群体的选育，应用了GLM（广义线性模型）方法剖析绒山羊主要经济性状非遗传因素的基础上；利用REML（约束最大似然法）对主要经济性状的遗传参数进行了估计；将动物模型BLUP育种值估计方法应用于核心群体选育，分别对各性状不同动物模型比较研究，建立繁殖、肉用性状遗传评估模型，对核心群种羊个体进行遗传评定，选留优秀种羊，淘汰不符合要求的个体，极大的提高了选种的准确性；集成了以种畜评价为特点的绒山羊标准化选育技术体系和集精液冷冻、精液大倍稀释、人工授精、同期发情等技术为一体的山羊快速繁育技术体系，实现了优质高产种羊的合理选配和最优化的育种效益。

六、绒山羊标准化选育技术集成

通过推广优质种公羊、人工授精技术体系建设，联合项目基地绒山羊养殖户开展"高繁""肉绒兼用"山羊改良工作，坚持系统的纯种繁育，使大青山地区绒山羊品种在繁殖率、产肉性能、肉品质等方面形成突出的优势，带动产业发展。养殖户的绒山羊群体平均生产水平得到提高，可以缩减群体规模，使山羊养殖数量回归到了该地区草场资源能够承载的范围内，实现以草定畜，使得大青山生态环境建设与大青山山羊产业协调发展（图6-0-2）。

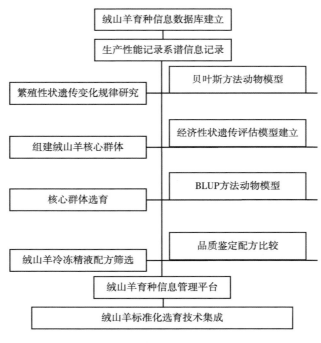

图6-0-2 绒山羊标准化选育技术

范例一　大青山绒山羊良种繁育体系建设模式
——内蒙古金莱牧业科技有限责任公司

一、绒山羊高效生态养殖模式及其特点

内蒙古金莱牧业科技有限责任公司位于呼和浩特市土默特左旗善岱镇召上村，是国家公益性行业（农业）科研专项"西北地区荒漠草原绒山羊高效生态养殖技术研究与示范"科研示范基地。公司建有1个大青山山羊良种繁育场，占地面积10 000m²，拥有完善的基础设施和先进的生产技术，目前，共计存栏山羊950只，其中，基础母羊550只，种公羊60只，后备母羊150只，后备公羊60，羯羊130只。该公司在呼和浩特市、包头市畜牧局的支持下，已在土左旗、土右旗、固阳县、和林县、回民区建立了大青山山羊育种基地，扩繁群体养殖户已达72户。从2013年起，已免费发放优质种公羊162只，辐射改良的基础母羊1万余只（图6-1-1）。

图6-1-1　善岱镇落实产业扶贫大青山肉绒羊种羊发放

大青山一带要进行大规模的生态建设，山羊是大青山生态系统的灵魂。生态建设需要加强，可以根据生态容量和生物多样性原则来确定养殖数量，目的是为了生态保护，适当地放牧可以促进植被生长，生态保护的最好办法是保护生物多样性（图6-1-2，图6-1-3），做到地方特有畜种保护与生态保护共赢为目的。适当放牧就需要适当减少养殖数量，提高个体的养殖效益。因此，公司通过开展肉绒兼用大青山山羊新品种培育与推广、实施山川轮牧、精细化分群饲养、疫病防控、废弃场资源化利用、羊肉加工与品

牌创新等一系列标准化养殖配套技术，改变粗放的饲养方式，从根本上提高个体生产性能（图6-1-4，图6-1-5）。针对种羊供应杂乱、羊肉品牌开发滞后两大突出问题，公司协同农牧民做精做强大青山山羊种羊培育，并开发了"金育祥"牌大青山山羊肉系列产品，推进大青山绒山羊良种繁育体系建设（图6-1-6，图6-1-7），带动广大养殖户致富奔小康，为当地畜牧业畜种结构调整、产业升级，提供新的增长点，打破目前绒山羊产业一绒独大的单一现状，使山羊肉产业成为当地农牧民致富新途径。

图6-1-2　采精

图6-1-3　人工授精

图6-1-4　内蒙古金莱牧业科技有限责任公司

图6-1-5　绒山羊核心群体

图6-1-6　种羊推广

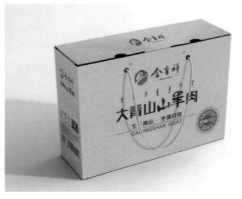
图6-1-7　产品开发

二、绒山羊高效生态养殖的关键技术

（一）绒山羊标准化选育技术集成

根据目前生态建设的压力，绒山羊饲养业必须走降低养殖数量、提高个体生产性能和群体品质的道路，因此群体选育提高工作就非常重要，公司在开展大青山绒山羊良种繁育体系建设过程中完成了以种畜评价为特点的绒山羊标准化选育技术集成，主要涉及以下几方面内容。

1.规范生产性能测定制度，建立信息数据库

绒山羊性能测定记录按照生产周期可分为繁殖记录、羔羊出生记录、羔羊断奶记录、抓绒记录、抓绒后体重记录、绒毛品质记录、育成及成年种公羊体尺性状记录。

（1）繁殖记录。母羊繁殖性能记录有：配种记录、妊娠记录及流产纪录。

①配种记录。母羊从发情到怀孕进行配种次数的一项记录，反映母羊受胎的能力。从另一个角度讲，也反映了公羊精液的品质，同时也是考核配种人员的一项指标。母羊配种记录应包括：耳号、胎次、场内群号、发情日期、发情次数、情期配种次数、配种方式、与配公羊、配种员。

②妊娠记录。母羊妊娠记录包括：母羊耳号、胎次、场内群号、妊娠日期、妊检员、预产期。

③流产记录。母羊流产记录包括：母羊耳号、场内群号、流产日期、妊娠天数。

（2）羔羊出生记录。羔羊出生记录包括：羔羊耳号、母亲耳号、出生日期、性别、初生重（kg）、出生类型（只）。

（3）羔羊断奶记录。羔羊断奶记录包括：羔羊耳号、断奶日期、场内群号、性别、断奶重（kg）。

（4）抓绒记录。绒山羊应以羊绒与皮肤容易分离时抓绒为宜，太早易因抓不干净导致二次抓绒，太晚则易造成绒脱落丢失。在抓绒剪毛前还应测量羊体侧部肩胛骨后缘一掌处，体侧中线稍上方的绒厚和毛长。

抓绒记录包括：耳号、抓绒日期、场内群号、抓绒量（g）、绒厚（cm）、毛长（cm）、密度、细度。

（5）抓绒后体重记录。待全部羊群抓绒结束后，择日对所有待测羊进行称重。称重前12h禁止采食和饮水，一般对称重羊晚上停止补料和饮水，经过整晚的消化后，在翌日早晨称重，单位kg，结果保留一位小数。

抓绒后体重记录包括：耳号、性别、称重日期、场内群号、抓绒后体重（kg）。

（6）绒毛品质记录。对于育成公羊、种公羊、参与后裔测定公羊的后代、与配母羊以及全群内被抽样的羊只，还应采样进行实验室测定其绒细度、长度、密度及伸直强度等指标。

（7）育成及成年种公羊体尺性状记录。留做后备种羊的育成公羊及成年公羊还应测量其体尺性状，包括：体高、体长、胸围、胸深和胸宽。

2. 繁殖、生长性状遗传变化规律研究

（1）繁殖性状遗传变化规律。绒山羊出生重的固定效应为：性别、胎次和出生类型；母羊胎次对内蒙古绒山羊（胎）产羔数的影响极显著（$P<0.01$）。母羊第1胎的（胎）产羔数表现为最低，随着母羊胎次的增加，（胎）产羔数显著增加，但增加趋势逐渐变缓，第6胎之后（胎）产羔数有所下降；配种日期对内蒙古绒山羊（胎）产羔数的影响极显著（$P<0.01$）。配种日期为9月29日—10月16日的（胎）产羔数最高（1.76±0.42），其次是10月17日—11月3日（1.62±0.49），且母羊发情月份和发情高峰主要集中在10月，所以，在生产中可以把10月作为内蒙古绒山羊的最佳配种期；内蒙古绒山羊的羔羊出生体重和断乳体重基本服从正态分布，说明母体状况对所产羔羊的出生重影响较小；而断乳重的标准差较大，可在一定程度上说明羔羊出生后开启的影响生长发育的基因及饲养管理水平是影响羔羊增重的主要因素；Gibbs抽样法估计内蒙古绒山羊产羔数的方差组分时，线性模型的预测准确性比阈模型的预测准确性略高，线性模型估计的产羔数的遗传力为0.116。

（2）生长性状遗传变化规律（表6-1-1）。

表6-1-1 不同年龄内蒙古绒山羊的体重　　　　　　　　　　　　　　　　　　kg

年龄	样本数	平均体重
出生	10 906	2.680 4 ± 0.382 1
断奶	10 906	20.677 6 ± 3.633 5
周岁	10 906	30.479 9 ± 6.856 5
2岁	3 489	38.036 9 ± 9.170 3
3岁	2 827	41.964 3 ± 9.463 7
4岁	2 329	43.721 6 ± 9.170 1
5岁	1 872	45.142 8 ± 8.147 2
6岁	1 445	45.390 4 ± 7.282 0
7岁	1 045	45.460 4 ± 6.578 5

3. 核心群体选育

利用WOMBAT遗传评估软件，采用平均信息约束最大似然法估计（AIREML），应用似然对数比值的卡方检验、平均信息标准（AIC）、贝叶斯标准（BIC），分别对各性状不同动物模型比较研究，建立繁殖、生长性状遗传评估模型，对核心群种羊个体进行遗传评定，选留优秀种羊，淘汰不符合要求的个体。

（1）繁殖性状遗传评估模型的建立。

（2）生长性状遗传评估模型的建立。

4.繁育体系建立

"高繁"绒山羊繁育体系建立：选择繁殖率高的种公母羊建立高繁家系，然后以本品种选育为主，采用连续世代纯种繁育，建立高繁型核心群体；选择繁殖母羊存栏规模为200只左右的绒山羊养殖户建立繁殖群；联合多家养殖户建立生产群。

"肉绒兼用"山羊繁育体系建立：选择肉用体型明显、产绒性状相对突出的绒山羊，建立育种核心群；选择繁殖母羊存栏规模为200只左右的绒山羊养殖户建立繁殖群；联合多家养殖户建立生产群。

5.标准化选育技术成果推广及示范研究

通过推广优质种公羊、人工授精技术体系建设，联合项目基地绒山羊养殖户开展"高繁""肉绒兼用"山羊改良工作，坚持系统的纯种繁育，使大青山地区绒山羊品种在繁殖率、产肉性能、肉品质等方面形成突出的优势，带动产业发展。

（二）疫病防控技术

制定了绒山羊不同阶段疫病防治技术规程，临床用药均有防疫记录。具体做法如下。

1.羔羊

（1）1日龄。碘酊涂擦脐带，防止脐带感染。

（2）3日龄。免疫破伤风类毒素。

（3）15日龄。内唇黏膜注射羊传染性脓疱皮炎活疫苗（羊口疮）。

（4）30日龄。皮下或肌内注射羊传染性胸膜肺炎疫苗（支原体）。

（5）35日龄。皮内或肌内注射三联四防疫苗或五联疫苗一首免。

（6）40—50日龄。颈部皮下注射小反刍兽疫疫苗。保护期为4年。

（7）2月龄。尾根内侧皮内注射羊痘疫苗。

（8）3月龄。颈部肌内注射口蹄疫疫苗。

（9）破伤风类毒素。出生当日和去势前1个月，按说明使用。

（10）5月龄。皮内或口服布鲁氏杆菌活疫苗。

（11）5月龄。皮内或肌内注射三联四防疫苗或五联疫苗一二免。

（12）7月龄。颈部肌内注射口蹄疫疫苗。

（13）体外寄生虫。伊维菌素注射液或0.5%敌百虫溶液浴。每年春季与秋季各一次，伊维菌素按0.03mg/kg的剂量进行注射驱虫。

（14）肠道寄生虫。丙硫苯咪唑，每年春季与秋季各一次，按10～15mg/kg的剂量进行口服驱虫。

2.成年羊

（1）三联四防疫苗或五联苗。每年3月颈部肌内或皮内注射。

（2）羊痘疫苗。每年5月下旬1次，尾根内侧皮内注射1头份。

（3）口蹄疫疫苗。每年4月份和10月，颈部肌内注射。

（4）羊传染性胸膜肺炎疫苗。每年3月皮下或肌肉注射。

（5）布鲁氏杆菌活疫苗。每年一次。

（6）体外寄生虫。伊维菌素注射液或0.5%敌百虫溶液浴。每年春季与秋季各一次，伊维菌素按0.03mg/kg的剂量进行注射驱虫。

（7）肠道寄生虫。丙硫苯咪唑，每年春季与秋季各一次，按10~15mg/kg的剂量进行口服驱虫。

3.新进羊

（1）羊痘疫苗。引到场第3d，尾根内侧皮内注射。

（2）三联四防疫苗或五联苗。引到场2周后，颈部肌内或皮内注射。

（3）传染性胸膜肺炎疫苗。1个月后，肌内注射。

（4）口蹄疫疫苗。3个月后，颈部肌内注射。

4.免疫接种方法

（1）肌内注射法。适用于接种弱毒苗或灭活疫苗，注射部位在臀部或两侧颈部，一般使用16~20号针头。

（2）皮下注射法。适用于接种弱毒苗或灭活疫苗，注射部位在股内侧或肘后。用大拇指和食指捏住皮肤，注射时，确保针头插入皮下，为此进针后摆动针头，如感针头摆动自如，推压注射器的推管，药物极易进入皮下，无阻力感，则表示位置正确。如插入皮内，摆动针头带动皮肤，且推动药液时可感到有阻力。

（3）皮内注射。注射部位尾根皮肤，用卡介苗注射器和16~24号针头。尾根皮内注射，应将尾翻转，以左手拇指和食指将尾根皮肤绷紧，针头以与皮肤平行方向慢慢刺入，并缓缓推入药液，如注射处有一豌豆大小的小泡，即表示注射成功（此法就像人作皮试一样）。目前此法一般适用于羊痘弱毒疫苗等少数疫苗。

（4）口服法。可将疫苗均匀的混于饲料或饮水中。口服免疫时，应按羊只数和每只羊的平均饮水量及采食量，准确计算疫苗用量。口服免疫时必须注意以下几个问题：第一，免疫前应停饮或停喂半天。第二，稀释疫苗的水应用纯净的冷水。第三，混合疫苗的饲料或饮水的温度，不超过室温为宜。第四，疫苗混入饲料或饮水后必须迅速口服，不能超过2~3h，最好在清晨饮喂，应注意避免疫苗暴露在阳光下。

（5）用于口服的疫苗必须是高效价的。

三、基础设施及配套建设

内蒙古金莱牧业科技有限责任公司是响应国务院"激励科技人员创新创业，鼓励科技成果转化"的政策，由内蒙古农业大学科技人员创办的集山羊新品种培育推广、畜牧技术研发、惠农惠牧服务、品牌创新与开发、科教研平台建设于一体的科技型农牧企业，公司建有1个大青山山羊良种繁育场，占地面积10 000m²，拥有完善的基础设施和先进的生产技术。公司立足当地绒山羊养殖方式粗放、养殖结构不合理、种羊引进低端杂乱、良种化程度低、选种选育技术滞后等现状。重点开展大青山绒山羊良种繁育体系建设、肉用大青山山羊新品种培育工作与推广，大青山山羊选育提高、标准化养殖综合配套、精细化分群饲养、疫病防控、废弃物综合利用、羊肉品牌创新与加工等技术模式。积极推进标准化规模养殖，不断提升大青山山羊养殖良种化水平，提升个体生产性能，加强棚圈等饲养设施建设，大力发展舍饲半舍饲养殖方式，做精做强大青山山羊种羊培育和山肉羊屠宰加工龙头企业，提高种羊遗传和生产性能、提高大青山山羊肉供应保障能力和质量安全水平。

四、效益分析及示范效果

（一）效益分析

经过改良、系统选育和种羊推广，按每只羊平均提高产肉量5kg，每千克按50元计算，每只羊可增加效益250元；平均产羔率提高达到120%，每户养殖户以100只适繁母羊计算，可产120只羔羊，羔羊成活率按98%计算，在稳定存栏规模的前提下，则年产羔羊117只，按每只羔羊500元计算，可创收58 500万元。

（二）示范效果

结合金莱牧业科技有限责任公司种羊场繁育体系建设工作，在产区积极扩大优良种公羊的推广应用，通过统一供种体系，为当地养殖户传授选种选配、种母羊群体更新年龄结构优化、疾病防控、人工授精、休牧轮牧、生态保护等方面的适用技术，引领产区绒山羊产业逐步走上了科学发展的道路。政府也从科研项目设立、政策扶持等方面增加山羊肉用性能的开发利用，通过创建的"金育祥"牌大青山山羊肉系列产品的开发，与建立育种关系的农牧户不仅群体质量得到改善，而且每只出栏的羯羊可提高经济收入150元以上，促肉、增绒、创品牌的理念，使得肉绒兼用绒山羊产业得到了当地农牧民以及政府的认可。

陕西省榆林市陕北白绒山羊——全舍饲高效生态养殖模式

一、地理位置及社会经济概况

（一）地理位置与气候特点

榆林市位于陕西省最北部，地处东经107°28′～111°15′，北纬36°57′～39°34′。东隔黄河与山西吕梁、忻州相望，西连宁夏吴忠、甘肃庆阳，北临内蒙古鄂尔多斯，南接陕西延安。为国家《呼包鄂榆城市群发展群规划》的重要一级。将建成世界一流高端能源化工基地、陕甘宁蒙晋交界最具影响力的城市、黄土高原生态文明示范区。

榆林市属暖温带和温带半干旱大陆性季风气候，四季分明，光照充足，年平均日照时数2 593～2 914h；热量中等，年总辐射量128.8～144.3千卡/cm²，平均气温7.9～11.3℃，极端最高气温40.1℃，极端最低气温−32.7℃，≥10℃活动积温2 847～4 148℃，无霜期130～170d；降水量较少，且分布不均，年平均降水量320mm，主要集中在7、8、9三个月，占全年降水量的65%以上；春季多大风，易起沙尘暴，年平均风速2～3.2m/s，风力多为4～8级，最大11级；干旱、大风、沙尘暴、霜冻、冰雹、暴雨等是本区域面临的主要气象灾害。

（二）社会经济概况

榆林市辖1市2区9县、156个乡镇、16个街道办事处、2 974个行政村。2017年年末，全市常住人口340.33万人，其中，城镇人口196.51万人，占57.7%；乡村人口143.82万人，占42.3%。地域东西长385km，南北宽263km，总土地面积43 578km²。长城从东北向西斜贯其中，以长城为界，地貌大体分为北部风沙草滩区，占总面积的42%，南部黄土丘陵沟壑区，占总面积的58%。总的市情特征：一是资源优势突出，全市已发现8大类48种矿产，潜在价值超过46万亿元人民币，特别煤、气、油、盐资源富集一地，组合配置好，国内外罕见；二是人文优势独特，自古以来就游牧与农耕等多元文化交融，素有"九边重镇"之称，曾是兵家必争之地，有万里长城第一台镇北台、大夏国都统万城遗址、神木石峁遗址等重点文物古迹，有西北地区最大道教建筑群白云山道观、陕西最大摩崖石刻红石峡、陕西最大内陆湖泊红碱淖等自然人文资源，榆林城被国务院命名为国家历史文化名城，解放战争时期，毛泽东、周恩来等老一辈无产阶级革命家在榆林8个县市区的30个村庄战斗生活过，是著名的革命老区；三是区位优势突出，处于中西部地区的重要结合地带，与西安、太原、呼和浩特、包头、银川和兰州等大中城市交相呼应，既是西北经济区走向沿海的前沿，又是华东和中原经济区的延伸，承东启西。同时，经济发展较快，2017年全市实现生产总值3 318.39亿元，其中：一产占比5.1%，二产占比32.1%、三产占比62.8%；完成全社会固定资产投资1 577.1亿元；完成财政总收入739.57亿元，其中，地方财政收入312.97亿元；按常住人口计算，全市人均生产总值97 811元（约合15 033美元）； 全市城乡居民人均可支配收入22 318元，其中，城镇常住居民人均可支配收入32 153元，农村常住居民人均可支配收入为11 534元。

二、饲草料供给及生态保护现状

全市有农耕地1 569.84万亩（其中：水田5.4万亩、水浇地249.9万亩、旱地1 314.58万亩），牧草地2 454.8万亩，林地1 641万亩。主要农作物有玉米、小麦、水稻、糜、谷、大豆、杂豆、荞麦、马铃薯等；油料作物有花生、大麻子、亚麻、葵花等；牧草有冰草、狗尾草、鸡眼草、白草、达乌里胡枝子、冷蒿、芨芨草、百里香、沙蒿、沙蓬、赖草、草木栖状黄芪、芦苇、寸草台、盐爪爪、三棱草及苜蓿、沙打旺、燕麦、饲用玉米等；灌木有柠条、紫穗槐、花棒、沙柳等。2017年全市实现农林牧渔业总产值292.21亿元，其中，种植业产值161.54亿元，占比55.28%；畜牧业产值105.11亿元，占比35.97%；林业产值12.08亿元，占比4.13%；渔业产值2.10亿元，占比0.72%；农林牧渔服务业产值11.39亿元，占比3.9%。全年粮食总播种面积732.29万亩，总产量165.89万吨（其中：夏粮5.09万吨，秋粮160.80万吨）。全年生产肉类18.3万吨（其中：猪肉10.27万吨，牛肉0.59万吨，羊肉6.2万吨，禽肉0.83万吨）；禽蛋5.17万吨；奶类8.6万吨（其中：牛奶7.71万吨）；山羊绒产量1 418吨。2017年年末存栏各类畜禽分别为：羊656.13万只（其中山羊547.28万只，绵羊108.85万只），牛14.97万头（其中，奶牛2.77万头，肉牛8.31万头），生猪91.81万头（其中，能繁母猪12.2万头），家禽563.52万只（其中，蛋禽494.73万只）。

三、绒山羊资源保护与利用现状

陕北白绒山羊（图7-0-1）是根据市场需要、陕北地区社会经济和自然生态条件，从20世纪70年代末引进辽宁白绒山羊为父本，本地陕北黑山羊（品种志与陇东黑山羊统称子午岭山羊）为母本，采用两品种简单育成杂交方式，经40多年的培育而形成的以产绒为主，绒肉兼用型山羊新品种。该品种于2002年4月通过国家畜禽遗传资源管理委员会羊品种审定专业委员会的现场审定，同年12月通过国家畜禽品种审定委员会的审定，2003年2月农业部批准为新品种，并向社会公告（农业部第254号公告），收编入2011年出版的《中国畜禽遗传资源志羊志》。

图7-0-1　陕北白绒山羊

国家羊品种审定专业委员会在《对陕北白绒山羊品种的审定意见》中指出：陕北白绒山羊具有良好的适应性，体型外貌一致，生产性能高，群体数量大，遗传性能稳定，品种内存在一定多态性，为进一步选育创造了良好的基础。在产绒量、绒的长度、纤维细度等方面均居国内领先水平，并具有以下突出特点和特征。

1.陕北白绒山羊绒纤维品质好

该品种绒色洁白，有色纤维含量符合GB1926-2000标准，手感柔软，纤维细长。特别是绒纤维细度在15μm以下，绒自然长度达5cm以上的个体占总数的80%以上更是国内羊绒纤维的上品。

2.具有单位体重产绒量高的特点

与国内其他绒山羊品种比较，陕北白绒山羊具有单位体重产绒量高的特点，该品种体重仅为辽宁白绒山羊的75%，与内蒙古白绒山羊体重相似，但产绒量与辽宁白绒山羊相似。

3.具有提高繁殖性能的潜力

在个体户中有产羔率高达150%的实例，更有一年两胎，实行频密产羔的实例。这表明陕北白绒山羊群体中，母羊有效利用可能达到一年两胎或两年三胎的提高繁殖力的潜力。这是在舍饲条件下实现高效生产的可贵之处。

4.在不同选育群间存在着多绒型的变异

这种类型绒山羊被毛中粗长毛稀少，光泽强，底绒细长，外观如绒球状，但绒根未缠结交叉，仍可清晰分出毛辫，与其他品种中出现的多绒型变异有所不同，如经认真选育，不仅对多绒型绒山羊特征保持具有重要作用，而且可防止底部纤维缠结，防止分梳时长度损失，在绒山羊选育上获得新的突破。

四、产业发展现状及趋势

陕北白绒山羊经40多年的培育发展，已成为陕北地区养羊业发展的重要主推品种。2017年主产区榆林、延安两市20个县市区，陕北白绒山羊及其改良羊饲养规模达800余万只，占到区域羊饲养总量的81%，占陕西省羊饲养规模的60%。同时产区羊肉产量占陕西省47%、全国1.5%，羊绒产量占陕西省90%、全国10%。陕北白绒山羊已推广到内蒙古、山西、甘肃、宁夏、河北等省区，为当地发展绒山羊生产做出积极贡献。

陕北白绒山羊自2003年品种审定以来，通过采取控制绒纤维细度、稳定产绒量、提高繁殖率、开发产肉潜力等选育措施，主要经济性状指标得到显著提高。

（一）产绒性能

陕北白绒山羊在舍饲饲养管理条件下，表现出较好的产绒性能。其中：成年公羊平均产绒量827.3g（核心群平均为1 254g），最高个体记录1 600；成年母羊平均产绒量530.4g（核心群平均为590g），最高个体记录1 150g。羊绒自然长度6.5cm以上，细度15.5μm以内，洗净率75.4%，净绒率61.87%（图7-0-2）。国家纤维检验近几年关于全国山羊绒质量分析报告显示：陕西山羊绒细度平均为15.23um，低于全国平均水平。

图7-0-2　羊绒测量

（二）繁殖性能

在良好的饲养管理条件下，陕北白绒山羊表现出双羔率高和发情季节延长的趋势；特别在舍饲条件下，可推行频密产羔，母羊有效利用达到一年两胎或两年三胎。2015年6月至2017年6月跟踪调查36户陕北白绒山羊舍饲养殖场户，累计统计繁殖母羊4 536只，其中，一年两胎或两年三胎母羊3 039只，占67%；累计生产10 614胎；其中，产双羔4 989胎，双羔率达到47%；收获断羔羊15 135只，年繁殖率达166.8%。同时，陕北白绒山羊一般在生后4月龄出现初情期，7—8月龄达性成熟，公母羊匀在1.5周岁开始配种。

（三）生长发育

陕北白绒山羊生长发育较快。公母羔平均初生重分别为2.6kg和2.35kg；4月龄断奶时公、母羔平均体重分别为13.8kg和11.4kg；周岁公羊平均体重为38.3kg，周岁母羊为33.2kg；成年公羊平均体重为55.6kg，成年母羊为43.9kg。成年公羊平均体高63cm，体长70.8cm；成年母羊体高56.8cm，体长63cm；周岁公羊平均体高53.7cm，体长57.7cm；周岁母羊体高52.4cm，体长54.7cm。

（四）产肉性能

陕北白绒山羊具有较好的产肉性能，肉质细嫩多汁，肌肉丰满，骨骼比例低，出肉率高，具有较好的市场声誉。2003年品种审定时测定，在放牧加补饲饲养条件下，1.5岁羯羊宰前重达到28.55kg，胴体重11.93kg，屠宰率45.57%，净肉率31.2%。实施舍饲以来，产肉性能明显提高，对近年调查资料分析，1.5岁羯羊宰前重达到33kg，胴体重15kg。西北农林科技大学测定陕北白绒山羊羊肉干物质含量33.3%、蛋白质含量22.4%、17种主要氨基酸总量17.36%、脂肪中不饱和脂肪酸达50%。主产区横山区、靖边县、定边县分别获得"横山羊肉""靖边羊肉""定边羊肉"地理标志认证（图7-0-3）。

图7-0-3　畜禽新品种证书

五、绒山羊高效生态养殖模式

自21世纪初以来，榆林市大力实施封山绿化、人工种草、种养结合、舍饲养羊，大力发展家庭适度规模养羊，开展养羊标准化示范创建，引领培育了一大批陕北白绒山羊

高效生态养殖典型模式（图7-0-4）。其中，种养结合家庭适度规度舍饲养羊模式（户均养羊规模30~100只）是现阶段养羊生产的主要模式，目前全市有10余万户，占在村从事农业生产农户的60%左右；在家庭适度规模专业大户模式基础上发展起来的家庭适度规模农牧场模式，将是今后养羊业的主要生产模式，目前，占在村从事农业生产农民的5%左右。

家庭适度规模农牧场模式主要特征有：①家庭羊场的主要劳动力，甚至可能是全部劳力均是家庭成员；②家庭承包土地，或流转土地是家庭羊场生存、发展的基础。除羊场建设外，土地主要用以种植饲草饲料，为家庭羊场提供饲草、饲料，做到"为养而种"；③在承包土地、家庭劳力等条件约束下，家庭羊场实际上是一个小型农牧生产系统，规模适度。"规模适度"包括多方面的适度，如土地面积、家庭劳力、自有资金、技术水平、基础设施等多方面的支撑；④家庭养羊是主业，种植、养殖协调，基本做到"草畜平衡"、"羊粪还田"，农牧循环；⑤通过种植、养殖产品收益、降低外来劳力投入、降低化肥农药成本等获得综合收益。

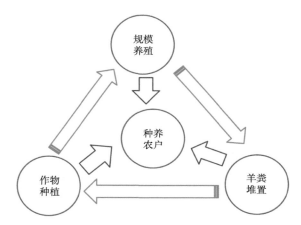

图7-0-4　陕北农户种养结合型绒山羊舍饲养殖农牧循环示意

范例一　"双优双高"优质种群培育引领模式

——陕西陕北白绒山羊繁育有限公司

一、绒山羊高效生态养殖模式及其特点

陕西陕北白绒山羊繁育有限公司，于2010年8月在陕西省工商局注册登记，注册资本金1 000万元。其前身为由陕西省政府、榆林市政府、榆阳区政府支持于2001年创建

的陕西陕北绒山羊繁育中心，是榆林市发展陕北白绒山羊产业的重要种源基地。"双优双高"优质陕北白绒山羊种群突出特征是该模式主要特点（图7-1-1）。

图7-1-1 取样

（一）构建"双优双高"优质陕北白绒山羊种群

按照陕北白绒山羊品种（NY/T2833-2015、DB61/T918-2014）标准要求，突出选育提高陕北白绒山羊优质绒、优质肉、较高产绒量、较高繁殖率等经济技术指标，构建"双优双高"优质陕北白绒山羊种群。即：优质绒，绒纤维直径母羊≤15μm、公羊≤15.5μm，绒纤维自然长度公母羊均≥6.5cm；优质肉，达到绿色、有机羊肉品质标准，平均体重，周岁公羊≥42kg、周岁母羊≥35kg、成年公羊≥65kg、成年母羊≥45kg，周岁羯羊屠宰后平均胴体重15kg，屠宰率≥52%；较高产绒量，周岁公羊≥650g、周岁母羊≥550g、成年公羊≥1 000g、成年母羊≥700g；较高繁殖率，执行两年三产繁殖制度，群体双羔率≥30%，年繁殖成活率≥155%。

（二）坚持政产学研推相结合

榆林市政府每年通过财政预算安排200万~300万元资金，通过政府购买服务形式，支持企业与榆林学院、西北农林科技大学、内蒙古农牧科学院、国家毛绒用羊产业技术体系及全市畜牧技术推广部门等建立良好的产学研推合作关系，开展陕北白绒山羊育种和种羊培育，并推动"双优双高"优质陕北白绒山羊种群的构建。

（三）坚持群众需求为导向

榆林全市绒山羊年养殖量达500万只以上，每年对优质种羊的需求量达10万只以上。针对这一庞大的群众需求，企业坚持提高种羊质量和培育生产能力，2017年，培育生产能力达到600万只。

二、绒山羊高效生态养殖的关键技术

（一）陕北白绒山羊全混合日粮（TMR）颗粒料的制作与饲喂技术

1. 陕北白绒山羊繁殖母羊基础饲草饲料配方

目标：体重维持在45kg以上，满足配种、妊娠、哺乳、绒毛生长和维持的营养需要。

配方1：玉米秸秆粉40%、谷子秸秆粉15.6%、紫花苜蓿干草粉9%；玉米13.3%、麸皮1.46%、豆粕5.6%、粗谷糠11%、细谷糠3.84%、苏打粉0.069%、含硒微量元素0.05%、食用碘盐0.08%。本配方营养水平：ME（MJ/kg DM）9.30、DM（%）94.39、CP（%DM）8.03、Ca（%DM）0.44、P（%DM）0.23、NDF（g）1 126.08、NFC（g）568.55、NFC：NDF0.50、ERDP（g）88.19、UDP（g）45.84、ERDP/UDP1.92。

配方2：玉米秸秆粉38.4%、谷子秸秆粉9.6%、紫花苜蓿干草粉12%；玉米24%、麸皮2%、豆粕3.4%、粗谷糠6.86%、细谷糠3.46%、苏打粉0.069%、含硒微量元素0.05%、食用碘盐0.08%。本配方营养水平：ME（MJ/kg DM）9.19、DM（%）94.00、CP（%DM）8.01、Ca（%DM）0.41、P（%DM）0.25、NDF（g）1 019.28、NFC（g）688.11、NFC：NDF0.68、ERDP（g）83.52、UDP（g）49.20、ERDP/UDP1.70。

配方3：玉米秸秆粉30.0%、谷子秸秆粉10.0%、紫花苜蓿干草粉7.9%；玉米36%、麸皮3%、豆粕1.5%、粗谷糠6.85%、细谷糠4.55%、苏打粉0.069%、含硒微量元素0.05%、食用碘盐0.08%。本配方营养水平：ME（MJ/kg DM）9.78、DM（%）93.75、CP（%DM）8.06、Ca（%DM）0.32、P（%DM）0.28、NDF（g）887.37、NFC（g）821.54、NFC：NDF0.93、ERDP（g）80.92、UDP（g）51.88、ERDP/UDP1.56。

2. 陕北白绒山羊育成公母羊（4—12月龄）基础饲草饲料配方

目标：体重由断奶时13～15kg，增长到12月龄时30～35kg以上；主要满足生长发育、增重、绒毛生长和维持的营养需要。

配方1：玉米秸秆粉27%、谷子秸秆粉7.6%、紫花苜蓿干草粉22%；玉米13.85%、豆粕7.7%、粗谷糠4.98%、细谷糠16.63%、苏打粉0.06%、含硒微量元素0.06%、食用碘盐0.12%。本配方营养水平：ME（MJ/kg DM）9.11、DM（%）94.73、CP（%DM）11.05、Ca（%DM）0.56、P（%DM）0.32、NDF（g）643.15、NFC（g）

387.83、NFC：NDF0.60、ERDP（g）78.45、UDP（g）42.56、ERDP/UDP1.84。

配方2：玉米秸秆粉20.83%、谷子秸秆粉6.85%、紫花苜蓿干草粉17.26%；玉米29.76%、豆粕7.44%、粗谷糠5.95%、细谷糠11.68%、苏打粉0.06%、含硒微量元素0.06%、食用碘盐0.12%。本配方营养水平：ME（MJ/kg DM）9.63、DM（%）94.28、CP（%DM）11.06、Ca（%DM）0.47、P（%DM）0.32、NDF（g）551.66、NFC（g）497.38、NFC：NDF0.90、ERDP（g）75.26、UDP（g）44.97、ERDP/UDP1.67。

配方3：玉米秸秆粉18.00%、谷子秸秆粉9.00%、紫花苜蓿干草粉12.00%；玉米36.60%、豆粕6.40%、粗谷糠3.6%、细谷糠14.16%、苏打粉0.06%、含硒微量元素0.06%、食用碘盐0.12%。本配方营养水平：ME（MJ/kg DM）10.00、DM（%）94.13、CP（%DM）11.03、Ca（%DM）0.39、P（%DM）0.34、NDF（g）498.01、NFC（g）550.72、NFC：NDF1.11、ERDP（g）74.15、UDP（g）45.52、ERDP/UDP1.63。

3. 陕北白绒山羊哺乳羔羊（4月龄前）补充料基础配方

目标：从出生后10日龄开始训练吃料，到4月龄断奶时体重达到13kg以上；主要满足生长发育、增重、绒毛生长和维持的营养需要。

配方1：紫花苜蓿干草粉20.15%；玉米50.35%、豆粕13.9%、细谷糠15.32%、苏打粉0.06%、含硒微量元素0.11%、食用碘盐0.11%。本配方营养水平：ME（MJ/kg DM）10.29、DM（%）94.02、CP（%DM）15.48、Ca（%DM）0.48、P（%DM）0.41、NDF（g）229.53、NFC（g）459.10、NFC：NDF2.00、ERDP（g）71.78、UDP（g）44.21、ERDP/UDP1.62。

配方2：紫花苜蓿干草粉16.13%；玉米55.63%、豆粕13.91%、细谷糠14.15%、苏打粉0.06%、含硒微量元素0.11%、食用碘盐0.11%。本配方营养水平：ME（MJ/kg DM）10.51、DM（%）93.89、CP（%DM）15.45、Ca（%DM）0.42、P（%DM）0.42、NDF（g）206.86、NFC（g）486.14、NFC：NDF2.35、ERDP（g）71.18、UDP（g）44.32、ERDP/UDP1.61。

配方3：紫花苜蓿干草粉15.12%；玉米64.90%、豆粕14.50%、细谷糠16.00%、苏打粉0.06%、含硒微量元素0.11%、食用碘盐0.11%。本配方营养水平：ME（MJ/kg DM）10.57、DM（%）93.60、CP（%DM）15.47、Ca（%DM）0.40、P（%DM）0.39、NDF（g）177.18、NFC（g）530.99、NFC：NDF3.00、ERDP（g）70.03、UDP（g）45.01、ERDP/UDP1.56。

4. 陕北白绒山羊全舍饲条件下全混合日粮（TMR）颗粒料每日饲喂制度

给料时间与顺序。早7—8点，第一次供给全混颗粒料；10点左右供给清洁饮水；12

点左右供给玉米秸秆（长草）等，自由采食；16—17点，第二次供给全混颗粒料；19点左右第二次供给清洁饮水；21点左右添加玉米秸秆（长草）等，自由采食。

每日饲喂量。成年繁殖母羊1.3～1.5kg/日，分两次平均供给；育成公母羊0.8～1.1kg/日，分两次平均供给；哺乳期羔羊0.2～1.0kg/日，自由采食；允许有0.5%～1%的剩料，每次喂前将剩料清理干净。

5. 全混合日粮（TMR）颗粒料（图7-1-2）制作工艺流程

配制原则。一是参阅前苏联《山羊饲养标准》、美国NRC2007《羊营养需要》、农业部NY/T816-2004《肉羊饲养标准》及贾志海教授、赵存发研究员、陈玉林教授团队关于绒山羊营养需要研究等，设计分阶段饲草饲料配方；二是饲草饲料原料主要立足于当地资源，力求多样化达5种以上，要求饲草饲料搭配要适口性好、营养全面、较高消化率、维持适宜的酸碱度，精粗料比根据羊不同阶段控制在3∶7～6.5∶3.5；三是日粮体积应适宜，避免体积过大导致的干物质采食量不足或体积过小导致的瘤胃充盈度不足。

原料选择及预处理。主要选择当地资源丰富、有一定营养价值、价格较便宜的饲草和非动物性饲料，且符合相关规定要求；对所选用饲草饲料，定期依相关方法进行营养成份测定和评价；为提高混合效果、饲料利用率、原料流动性和易于制粒，对一些饲草等进行揉搓、切短、粉碎、加水等预处理。

配料与混合。将符合要求的原料，按配方要求，精准称量，送入配料仓，经充分混合后，转入制粒环节。

制粒与冷却。根据羊的不同生长阶段选择Φ3～8mm孔经的制粒机环模，调质温度控制在80～85℃；制粒后饲料通过风冷式冷却，温度降至不高于环境温度3℃以下。

水分含量控制。基本控制在13%以下。

图7-1-2　颗粒饲料

粒度控制。散料要求粗（>1.9cm）的占比10%～15%，中（0.8～1.9cm）的占比30%～50%，细（<0.8cm）的占比40%～60%；颗粒料要求羔羊选用Φ3～4mm孔经的制粒机环模，育成羊及成年羊选用Φ5～8mm孔经的制粒机环模。

感观评价。散料要求精、粗混合均匀，松散不分离，色泽均匀，新鲜不发热，无异味，不结块；颗粒料要求料型光滑，硬度适宜，不易破碎。

（二）公羊效应结合营养调控诱导母羊常年发情技术

1. 公羊效应

就是将公羊（图7-1-3）放入与公羊长期隔离的母羊群中，诱导母羊集中发情或处于发情末期母羊提前发情。操作要点：一是公母羊严格隔离饲养，饲养距离保持在150m以上；二是繁殖母羊小群饲养，每群30只左右；三是公羊突然引入母羊群，一般公母羊相离2个月以上；四是发现发情母羊适时组织栓桩配种。

图7-1-3　陕西白绒山羊种公羊

2. 母羊配种前营养调控

主要通过调整颗粒料配方组成，提高能量和蛋白饲料比重，促进空怀母羊恢复增加体重（图7-1-4），达到理想的配种前体重要求，一般要求达到45kg以上，但不得超过60kg。保持理想的配种前体重，可促进母羊排卵，提高受胎率。

图7-1-4　陕西白绒山羊母羊

3. 配种产羔效果

对陕西陕北白绒山羊繁育公司2015年6月至2017年6月母羊配种产羔统计分析：全场参加配种母羊328只，其中，初产母羊68只，经产母羊260只，累计参加两年三产母羊

246只；在三个发情配种期内，累计参配种公羊15只，母羊配种受胎820胎次，总受胎率达98.9%；三个产羔季，累计产羔1 384只，产羔率达168.8%，断奶成活1 343只，年繁殖成活率达204.67%。

（三）两年三产频密产羔技术

1.繁殖节律安排

以陕北白绒山羊自然发情的9—10月为两年三胎第一胎次配种时间，翌年2—3月完成第一次产羔；翌年5—6月进行第二胎次配种，10—11月完成第二次产羔；第三年1—2月进行第三胎次配种，6—7月完成第三次产羔；9—10月进入下轮循环第一次配种。

2.种公、母羊饲养管理

对种公羊按照非配种期、配种准备期、配种期分段饲养管理，确保参加配种公羊始终保持种用体况，原则要求参加配种公羊体重稳定在60kg左右。对参加配种繁殖母羊按照空怀恢复体况、配种妊娠、哺乳育羔三个阶段调控饲养管理措施，特别要求繁殖母羊体重要稳定在45kg以上，但要防止过渡肥胖，影响按期发情配种（图7-1-5）。

图7-1-5 绒山羊棚圈

3.羔羊早期断奶及培育

羔羊早期断奶，可促进母羊及早发情，缩短繁殖周期。一是让羔羊出生后，及时吃到吃足初乳，促进羔羊适时排出胎粪，增强体质和免疫力；二是让羔羊从出生后7—10日龄开始自由采食羔羊补饲颗粒精料；三是适时断奶，一般根据繁殖节律安排，于羔羊出生后45～50日龄断奶；四是人工哺乳（主要通过饲养奶山羊，提供奶源）或补饲（羔羊专用早期补饲料）至4月龄，使断奶羔羊4月龄时体重公羔达到13kg以上，母羔11kg以上。

（四）羊布鲁氏菌病净化技术

坚持采取消毒、监测、扑杀等措施，确保羊布鲁氏菌病保持净化状态。2010年以来，每年监测显示：全群羊布鲁氏菌一直保持阴性。

三、基础设施及配套建设

公司总占地120亩，其中，养殖生产区占地40亩，有饲料基地80亩。至2017年末，建成各类羊舍14栋6 000余m²，饲草饲料库棚3 000余m²；配备日加工10吨颗粒饲料加工机组1套，其他饲养设施设备30余台套；有科技实验楼1栋602m²，内设绒山羊冷冻精液研究室、绒山羊种质资源测定研究室、绒山羊胚胎工程技术研究室、绒山羊饲草料营养调控研究室、绒山羊疫病净化与程序化免疫技术研究室等；现有员工38人，其

图7-1-6 规模化养殖

中，有中高级专业技人员10人，同时外聘相关专业专家13名；常年饲养陕北白绒山羊1 100余只，其中，基础核心母羊种群800只，每年可向社会培育推广优秀种羊600余只（图7-1-6）。

四、效益分析及示范效果

公司自2010年以来一直保持着较好的经济效益。2017年共收获优质山羊绒毛952.28kg，每千克售价186元，收入17.71万元；出售种羊590只，收入322.7万元；累计毛收入340.41万元；累计支出208万元（其中，饲草料支出110余万元、饲养及管理人员工资等40余万元、煤水电费6万元、保健预防2万元、其他支出50余万元）；实现净利润132.41万元。同时，自2010年以来累计向榆林12县市区推广优秀种羊2 560余只，对推动榆林地区陕北白绒山羊产业发展发挥了重要的种源支撑作用。

公司组建以来，先后承担完成了榆林市良种羊繁育场建设、榆林市陕北白绒山羊选育科技专项、陕西省"菜篮子"肉羊生产示范项目、陕西省科技厅"双优双高"优质陕北白绒山羊选育及遗传改良技术研究与示范项目、科技部星火计划陕北白绒山羊推广、农业部地方良种羊保护场建设项目的实施；配合中科院畜牧研究所、国家毛绒用羊产业技术体系，完成国家绒山羊种质资源保护等项目实施；与榆林学院、西北农林科技大学、内蒙古农牧科学院等建立良好的产学研合作关系；与榆林市12县市区畜牧技术推广部门建立了紧密的良种推广合作关系；与榆林市范围内10个陕北白绒山羊育种村、10个陕北白绒山羊育种扩繁场、3个陕北白绒山羊科技示范园建立稳定的协作关系；参加完成的"陕北白绒山羊培育"项目获陕西省2004年度科技进步一等奖（图7-1-7）。

图7-1-7　测量羊绒长度

范例二　超细绒山羊全产业链发展模式

—— 陕西应马安养殖有限公司

一、绒山羊高效生态养殖模式及其特点

陕西应马安养殖有限公司是中德红太集团（总部设在河北省清河县）旗下，以公司培育优质超细绒山羊种群为主业的子公司（图7-2-1）。公司地址在陕西省榆林市子洲县老君殿镇南圪村，于2017年6月注册登记。设计投资3亿元人民币。

图7-2-1　养殖企业奠基仪式

该模式以中德红太集团高档山羊绒加工产品为引领，欧洲等海外市场为平台，带动项目区大力发展超细绒山羊养殖，建立产加销一体的绒山羊全产业生产体系，帮助项目区及周边地区贫困人口实现持续稳定增收，过上富裕生态文明的小康社会生活。中德红太集团是国内唯一一家中德合作从事绒山羊育种、养殖及山羊绒分梳、纺纱、印染、成衣等产品加工及销售于一体的绒山羊全产业链公司。公司2017年生产无毛绒300余吨，粗纺纱线200多t，精纺纱线100余t；加工生产山羊绒衫40余万件，山羊绒裤、裙、大衣、围巾等制品10余万件；产品远销东西欧及北美洲等20多个国家和地区，实现销售收入达5亿多元。同时以高于市场15%的价格直接收购贫困户生产的超细山羊原绒和育肥羊及饲草料，确保了贫困户收入的稳定增长。

二、绒山羊高效生态养殖的关键技术

（一）超细绒山羊胚胎移殖快繁技术

为加快超细绒山羊种群的快速繁殖，公司投资3 000余万元，组织开展超细绒山羊胚胎移殖快繁技术研究与推广。2017年9月至2018年5月，累计移殖受胎超细绒山羊232只，产羔183只，断奶成活113只，受胎产羔率78.88%，断奶成活率61.75%。

（二）超细绒山羊群体继代选育技术

围绕超细绒山羊种群的组建与培育，按照群体继代选育技术规范要求，一是从内蒙古自治区阿拉善盟的阿左旗、阿右旗、额济纳旗，选购符合超细绒山羊品质特征的阿拉善型超细绒山羊母羊300余只（计划1 000只）、种公羊18只（计划90只）组成原始基础群（又称零世代），分为6个家系（要求公母羊间没有亲缘关系）组织开展选种选配工作；二是坚持不引进外血，开展闭锁或半闭锁繁殖选育（若发现群外特别优秀个体可适当引入），使群体近交系数逐代自然上升，主选的绒纤维细度性状的基因纯合度和个体间的遗传相似性得到较快稳定提高；三是应用胚胎移殖快繁技术，加快种群扩繁；四是坚持做好整群鉴定和个体生产性能测定，一般周岁初评、两岁定级；五是缩短世代间隔，加快选育进展。

（三）TMR饲喂技术

就是根据绒山羊不同生长发育阶段及绒毛生长、繁殖等营养需要，结合当地饲草料供给条件，借鉴奶牛TMR饲喂技术，用特制的搅拌机（或改装混凝土搅拌机），把各类饲草料切短、粉碎、混合和饲喂的一种绒山羊饲喂技术（图7-2-2）。主要技术要点：一是保证绒山羊所采食的每一口饲草料都具有均衡性营养，为瘤胃微生物提供蛋白、能量、纤维等均衡的营养物质，加速瘤胃微生物的繁殖，提高菌体蛋白的合成效率；二是确保精粗饲草料均匀混合，避免羊只挑食，维持瘤胃pH值稳定，防止因单独过量采食精料发生瘤胃酸中毒；三是定时定量精准饲喂，增加羊只干物质采食量，提高饲草料转化效率；四是充分利用当地饲草料资源，实行机械化饲喂，减少饲草料浪费，降低饲料成本，降低劳动力成本，实现节本增效（图7-2-3）。

图7-2-2　饲草储备　　　　　　　　　　　　　图7-2-3　舍饲养殖

三、基础设施及配套建设

该公司建设以南圪村为核心区，占地5 000亩，养殖超细绒山羊3万只，集养殖、科研、旅游于一体的绒山羊小镇一处，项目建设正在推进中（图7-2-4）。公司所属子洲县浩丽绒山羊养殖场，总占地110亩，已建成标准化羊棚6 900余m²、饲草棚800余m²、饲料加工房200余m²，现存栏优质绒山羊1 800余只（其中，繁殖母羊1 200余只、配种公羊73只，阿拉善超细绒山羊种群300余只）。

图7-2-4　公司建设规划图

四、效益分析及示范效果

公司所属子洲县浩丽绒山羊养殖场，2017年实现收入119万元，其中，出售绒毛收入19万元、培育推广种羊收入80余万元、出栏育肥肉羊收入20余万元。近三年，在子洲县政府的统一部署下，累计联系扶持445户贫困户发展绒山羊养殖，户均饲养优质绒山羊37只，人均收入6 300余元，千余人稳实现脱贫（图7-2-5）。

图7-2-5　参观子洲县浩丽绒山羊养殖场

范例三　"党支部+合作社+贫困户"绒山羊养殖扶贫模式

——靖边县耀宏养羊专业合作社

一、绒山羊高效生态养殖模式及其特点

靖边县耀宏养羊专业合作社是由陕西省榆林市靖边县黄蒿界乡五合村许耀宏等5位农民发起，52户绒山羊养殖农民相应，于2013年由靖边县工商局注册成立的以种养结合、绒山羊养殖为主营业务的农民专业合作社（图7-3-1）。

合作社按照"统一技术服务、统一品种选育、统一疫病防控、统一饲草料配方、统一质量品牌、统一产品销售"的模式，组织社员开展绒山羊养殖生产；社员以夫妻为主要劳动力，依据家庭可支配土地、资金、劳动力、技术等资源，实行种养结合、适度规模养羊（图7-3-2）。一般经营农耕地15～50亩，以种玉米为主，同时种植苜蓿等饲草

3亩以上，羊养殖规模30～90只，收入6万元以上；在村党支部统领下，以合作社为平台，通过吸收贫困户入社、为贫困户代养绒山羊、向贫困户无偿提供种羊、组织对贫困户开展技术培训、党员社员对贫困户一对一技术帮扶等，带领贫困户发展绒山羊产业，实现精准脱贫（图7-3-3）。

图7-3-1　合作社

图7-3-2　合作社宣传牌栏牌

图7-3-3　合作社鸟瞰图

二、绒山羊高效生态养殖的关键技术

（一）两年三胎繁殖技术

繁殖母羊每8个月产一次羔，两年生产三胎羔，生产效率较一年生产一次羔提高40%。据对合作社52户社员2015年6月至2017年6月产羔生产记录统计分析，2 236只繁殖母羊，共生产4 563胎，收获断奶羔羊6 753只，年繁殖率达151%。

（二）柠条饲草化饲喂技术

将收获的2～3年生柠条，经揉丝、切短，按15%比例混入饲草，应用TMR技术饲喂羊只。柠条为多年生豆科灌木，具有生长旺盛、生物量高等饲用特性。据对3年生柠条，秋季7—9月平茬采样分析，亩均产量（风干）294.3kg，可食部分占68%，含粗蛋白14.15%、粗脂肪3.341%、粗纤维35.2%、钙1.495%、磷0.135%。经饲喂试验，绒山羊采食率可达75%以上，消化率达50%以上。

（三）农作物秸秆加工饲喂技术

就是按照家庭种养结合生产体系，把收获的各类农作物秸秆，经揉丝、切短、粉碎，与苜蓿等优质牧草混合拌湿或制粒饲喂（图7-3-4）。一般混合比例为：切短或粉碎秸秆粉70%～80%+苜蓿等豆科牧草10%～20%+混合精料和糠麸类饲料2%～10%；每100kg混合饲草料+0.3%～0.5%食盐水15～30kg。

图7-3-4　饲草棚

（四）拉伸膜裹包青贮料制作技术

一是每户种植专用青贮玉米3～5亩；二是把适时收割的青贮玉米打成40～60kg的高密度草捆；三是通过裹包机用拉伸膜把草捆包被起来，厌氧发酵60天后即可使用。一般要求草捆水分含量保持在50%左右，当天打捆当天包被；包被好的草捆要堆垛在专用草棚内，防止被老鼠或动物咬坏包被膜造成失败和损失；饲喂时要1捆饲喂完再开另1捆，每日饲喂量不超过饲草总饲喂量（风干）的35%；如果酸度较高，可添加适量小苏打，以降低酸度，提高适口性（图7-3-5）。

图7-3-5　裹包青贮饲料

三、基础设施及配套建设

合作社社员合计经营水浇地2 500余亩，牧草地1 200余亩（其中，水浇地高产优质苜蓿基地580多亩），2017年年末合计存栏陕北白绒山羊8 500多只。合作社下属的靖边县耀宏绒山羊养殖场总占地10亩，建成开放式羊棚900多m²、饲草棚230m²、饲料库120多m²，配备有饲料粉碎机、铡草机、揉丝机、裹包青贮打包机、TMR搅拌机、运输用三轮车等机械设备10余台套，2017年年末存栏陕北白绒山羊232只（其中繁殖母羊110只、配种公羊3只、断奶育成羊119只）。

四、效益分析及示范效果

2017年合作社社员户均实现收入10万元。理事长、耀宏绒山羊养殖场经理许耀宏家，出售绒毛278kg，收入4万多元；出售种羊30只，收入5.4万元；卖淘汰育肥羊52只，收入6万多元；总计收入15.4万多元。同时，合作社为16户贫困户提供种羊32只，饲草揉丝机9台，为其中1户无劳动能力贫困户代养绒山羊5只。2017年所有扶持贫困户都实现了脱贫，都加入了合作社（图7-3-6）。

目前，榆林市所属横山区、定边、绥德、米脂、佳县、吴堡、清涧、子洲8个国定和省定贫困县，在精准脱贫攻坚中都广泛推广了耀宏养羊专业合作社的"村党支部+农民专业合作社+贫困户"的扶贫模式（图7-3-7）。

图7-3-6　合作社台账

图7-3-7　羊舍建设

范例四　种养结合家庭适度规模农牧场模式

——靖边县贺真堂

一、绒山羊高效生态养殖模式及其特点

贺真堂家庭适度规模农牧场，地处榆林市靖边县黄蒿界乡贺阳畔村，是经过30多年一步一步从小到大的发展，才达到今天的规模。该模式以家庭为生产单元，以养羊为家庭主要生产经营项目，实行规模专业化生产，并注册登记为独立法人经营单位。劳动力主要以家庭劳动力为主，并根据生产需要，按季节临时性雇工。经营土地在自有承包地基础上，通过转包、租凭等手段，流转离村进城居住就业农民土地开展规模种草养羊。一般经营土地80～100亩，其中60%以上的土地种植饲草料作物（图7-4-1）；绒山羊养殖规模保持300～500只。接受过专门的职业农民培训，文化科技素质较高，具有初中以上或相当文化水平，并经常聘请专业技术人员指导生产。

图7-4-1　饲草料储备

二、绒山羊高效生态养殖的关键技术

（一）两年三胎繁殖技术

对其2016年6月至2018年5月两年配种产羔统计，参加配种母羊138只，累计生产302胎，产羔432只，产羔率142%，断奶成活405只，年繁殖率为146.7%（图7-4-2）。

图7-4-2 羊棚

（二）饲草青贮技术

一是适时收割原料，带棒整株玉米青贮，宜在玉米蜡熟中期，干物质含量30%～35%时收割；二是及时切碎原料，应用青贮专用切碎机，将原料切碎至2～3cm；三是及时装填压实，一般每装填20～30cm就立即反复压实，然后再装一层，要求青贮原料完成发酵后，下沉不超过青贮窖深的10%；四是严密封顶封窖，应将青贮原料装填高出窖口40～50cm，然后覆盖一层厚20～30cm的切短秸秆或软草，再覆一层厚实无毒聚乙烯塑料膜，并覆盖一层厚30～50cm的湿土或沙子踩实压紧。经45～50d的发酵后，即可饲喂。取用青贮饲料，要一层一层取用，并保持表面平整，防止霉变或二次发酵。

（三）饲草调配与饲喂技术

绒山羊在舍饲条件下，每天供给的饲草种类必须在5种以上，精料要在3～5种以上；为满足粗饲料的喂量，精粗比以3：7为宜；每天的饲草搭配中要有一定比例的乔灌木枝叶，要有一种豆科牧草作为骨干饲草。树叶特别是柳树叶含有柳叶黄酮生物活性物质，苜蓿含有生长刺激因子，与农作物秸秆合理调配，即可满足羊的营养需要。枯草期（当年10月至翌年4月），饲草料的搭配为：青干草（收贮的人工牧草和天然牧草占40%）+青贮饲料（占10%）+树叶类（占5%）+农作物秸秆（占40%）+精料（占5%）；青草期（当年5月到9月），饲草料的搭配为：青刈饲料作物（青秆玉米占15%）+牧草（沙打旺、苜蓿、天然牧草占75%）+柠条等灌木枝条（占5%）+精料（占5%）（图7-4-3）。

图7-4-3　饲草料

（四）四季保健技术

一是灌服中药，羊只在春夏之交（立夏前后），灌服消黄散或龙胆泻肝散进行调理，同时加灌适量植物油和鸡蛋清，每羊50～60g消黄散、50～100g植物油、2枚鸡蛋清；夏秋之交（立秋前后）和初冬时，灌服清肺散、理肺散、解热清肺散等进行调理，并加服适量蜂蜜，每羊50～60g清肺散，50～100g蜂蜜。二是定期驱虫，即每年谷雨后立夏前，立秋后白露前，霜降后小雪前各进行一次驱虫。主要应用的驱虫药有伊维菌素、阿维菌素、阿苯哒唑、丙硫咪唑、左旋咪唑、驱虫净等。三是药浴，在羊只抓绒、剪毛后7～10d进行药浴，根据羊群情况，在入冬前再进行一次药浴。四是免疫预防，主要对小反刍疫、口蹄疫、布鲁菌病等重大疫病进行强制免疫，对羊痘、快疫、链球菌等疫病进行适时免疫。

三、基础设施及配套建设

2017年，真堂家庭适度规模农牧场经营农耕地及林草地80多亩，其中种植苜蓿20多亩、青贮玉米15亩、普通玉米45亩、其他作物10多亩；绒山羊养殖场占地11.3亩，建有标准化开放式羊棚3 000多m²（图7-4-4）、饲草棚600余m²、青贮窖120m³；配备有铡草机、饲料粉碎机、揉丝机、搅拌机、四轮和三轮及其他农业机械10余台套，农作物种植和饲草收获加工及羊饲喂基本达到全程机械化；2017年年末存栏绒山羊360多只，其中，繁殖母羊213只、后备育成母羊30多只、配种公羊6只、待售种羊40多只、羔羊70多只；全家6口人，其中，老人2位、儿女一双（儿子大学毕业已在国企上班、女儿正在读研）、夫妻俩为主要劳动力，每年临时用工70～90个。

图7-4-4 开放式羊棚

四、效益分析及示范效果

2017年绒毛收入7万余元，出售种羊收入30多万元，总计毛收入37万元。同时，购买苜蓿干草23吨，支出3.68万元；购买大豆等饲料8t，支出2.4万元；购买羔羊补饲精料支出3万余元；羊群保健预防支出1.5万元；临时雇工87个，支出1.28万元；夫妻俩按社会工资计算，劳务支出8.64万元；饲草料种植和收获支出2.9万元；总计支出23.4万元。一年实现净利润13.6万元。成本收益比为1.58，净利润率为36.76%。

在真堂模式的示范引领下，到2017年年末，榆林全市累计发展种养结合家庭适度规模标准化养羊农牧场3 600余户，绒山羊养殖量占到全市的11%，成为全市加快发展羊产业的重要经营主体。

范例五 家庭适度规模育肥养殖模式

——靖边县安心养殖场

一、绒山羊高效生态养殖模式及其特点

靖边县安心养殖场，地处蒙陕交界的陕西省靖边县海则滩乡大石砭村，法人肖万成（图7-5-1）。自2006年创办以来一直以绒山羊育肥生产为主，年出栏育肥羊能力由建场初300余只发展到近年1 000多只。以周边蒙陕交界地区绒山羊养殖农牧户为羊源基

地，以陕西横山香草羊肉等深加工厂为平台，以"横山羊肉"、"靖边羊肉"两个地标为品牌，以榆林、延安、西安、北京等地区为终端市场，组织开展绒山羊羔羊及成羊育肥。

图7-5-1　安心养殖场

二、绒山羊高效生态养殖的关键技术

（一）消毒隔离技术

针对本场羊只流动性较大实际，为防控疫情，实行严格的消毒隔离措施。一是坚持按批次进出场，每进一批次羊只，首先隔离观察20d，确认无疫无病并健康后，方与原场羊只共同饲养；二是每出场一批羊只后，对所空出羊舍，进行2～3次全面彻底消毒，并空舍20～30d后再饲喂下一批次羊只；三是每10～15d对全场羊舍、饲喂用具等进行一次喷雾或抛洒消毒；四是严格日常进出场消毒，严禁闲杂人员进入羊饲养区；五是坚持场区经常保持清洁卫生，选用不同品种类型消毒剂交替使用；经常选用的消毒剂有：热草木灰（把废弃的饲草、秸秆及时集中烧为草木灰）、生石灰粉、烧碱、过氧乙酸、氢氧化钠、福尔马林、来苏儿、百毒杀、漂白粉等。

（二）进场健康调理技术

购入进场准备育肥羊只，来自不同饲养地区和农牧户，为确保羊只健康生长，在进场隔离观察饲养期间，一是对所有进场羊只进行全面体格检查，并按年龄、按体重分类分群饲养；二是进行驱虫和健胃处理，一般选用阿苯达唑、左旋咪唑、阿维菌素、吡喹酮等抗寄生虫药进行1～2次驱虫，并且选用龙胆酊、陈皮酊、人工盐、干酵母、小苏打等健胃助消化药对羊只的肠胃进行专门调理；三是选用清肺散、消黄散、龙胆泻肝散等进行清热解毒处理；四是根据进场羊只在原饲养地免疫记录、检疫记录，及时进行免疫预防注射。

（三）羔羊育肥技术

一是对购入的4~6月龄羔羊经隔离观察后，按体重组群育肥，个体间体重差异不超±3kg。二是根据生长发育、市场价格，采取直线育肥，一般经6~8个月的育肥饲养，年龄达10~12个月龄、体重35~40kg时出栏。三是绿色配方、TMR技术饲喂，主要饲草料配比为：带棒全株玉米草粉50%、优质苜蓿草粉20%、葵花托粉5%、饼粕5%、大豆10%、麸皮6%、正大肉羊育肥料1%、食盐等3%。四是分早、中、晚三次饲喂，每日每只供给饲草料量1.3~2kg，精粗比55：45。

（四）成年羊育肥技术

一是对购入的2~3岁淘汰繁殖母羊经隔离观察后，按体重组群育肥，个体间体重差异不超±3kg。二是根据个体体况、市场价格，采取短期快速育肥，一般经2~3个月的强度育肥，体重达45~60kg时出栏。三是绿色高能量配方、TMR技术饲喂，主要饲草料配比为：带棒全株玉米草粉65%、优质苜蓿草粉10%、葵花托粉5%、饼泊5%、大豆5%、麸皮6%、正大肉羊育肥料2%、食盐等2%。四是分早、中、晚三次饲喂，每日每只供给饲草料量2~3kg，精粗比65：35（图7-5-2）。

图7-5-2 饲草料加工

（五）羊尿结石病防治技术

在育肥当中，有少部分羯羊会发生尿结石，统计分析，约占3%；发病原因主要于气候变化、年度间降水量、日常饲料和饮水质量有关；防治措施：一是坚持供给充足、清洁、符合人畜饮用水条件的饮水；二是添加一定量谷物类秸秆和籽实，或一定量的饲用氯化铵，调整改善饲料的酸碱性，使饲料保持微酸性；三是一旦发病，及时采取手术治疗。

三、基础设施及配套建设

育肥场总占地10亩多，建有开放式羊棚3 000m²、草棚500m²，有饲草基地130余亩（其中，流转土地60亩）（图7-5-3，图7-5-4），配备揉丝机、铡草机、饲料粉碎机、搅拌机、给料机及作物种植机械等10余台套。

图7-5-3　种植青贮饲料　　　　　　　　　图7-5-4　饲草料储备

四、效益分析及示范效果

通过对该场2007—2017年经营记录分析，绒山羊育肥生产、山羊肉消费市场及价格总体保持稳定，育肥生产效益较好。2009—2013年期间，山羊肉消费价格保持持续上涨，每千克山羊肉市场平均价为64元（最高时卖到70~80元），每出栏1只毛重40kg左右育肥绒山羊净利润稳定在300元以上；但2014—2015年山羊肉市场价格出现持续下滑，最低点每千克山羊肉市场价为44元，其中，400只一批育肥绒山羊，由于在羊价高峰期购入，出栏时因购入售出价差造成亏损20余万元，只均亏损500元；2017年1月至2018年1月，分三批次累计出栏930只，平均胴体重18.75kg，平均获净利360元。

安心模式，基本实现了饲草料种植、绒山羊繁育、专业规模化育肥、统一屠宰加工、品牌上市的一体化生产，为推动陕北白绒山羊全产业链发展起到很好的典型示范（图7-5-5，图7-5-6，图7-5-7）。

图7-5-5　开放式羊棚　　　　　　　　　图7-5-6　产品标志

图7-5-7　开放式羊棚

范例六　标准化快繁+光控增绒带动引领模式

——神木市聚丰农民专业合作社

一、绒山羊高效生态养殖模式及其特点

神木市聚丰农民专业合作社，是由陕西省神木市大堡档镇兽医站原站长郭礼祥发起，于2010年创建。至2017年在合作社带动引领下，累计发展家庭适度规模绒山羊养殖场会员35个，绒山羊总饲养规模达1.26万只，年生产出栏育肥羊能力1万只左右。

一是按照绒山羊养殖标准化建设要求，统一设计、建设羊棚（图7-6-1）和草棚等基础设施；二是统一推行羊病程序化免疫预防；三是统一组织开展绒山羊的整群鉴定和选种选配；四是统一组织开展肉绵羊胚胎移殖快繁和种羊培育销售。

图7-6-1　羊只运动场

二、绒山羊高效生态养殖的关键技术

（一）标准化羊棚建筑技术

要求棚舍为开放式或半开放式（图7-6-2），附带运动场。建在地势高燥，避风向阳，排水良好，地下水位低的地方，并且有利于饲喂和管理。棚舍大小以饲养规模来确定，一般饲养30只左右规模，羊舍面积60～100m²，饲养50只左右规模150～200m²，饲养100只左右规模，羊舍面积200～400m²。

图7-6-2 标准化羊棚

1. 单坡单列半开放羊舍

为单坡式屋顶；三面有墙，朝南一面无墙，或上半部分敞开、下半部分有墙，带运动场；靠后墙（北墙）设走道和饲槽，宽度1.5～2m；羊栏呈单行排列；一般跨度4.5～6m，开间3～4m，后墙高1.7～2m，前檐高2.4～2.8m，纵长度15～40m。

2. 双坡（拱圆）双列开放羊舍

为双坡式或拱圆式屋顶；四周无墙，或上半部分敞开、下半部分有墙；南北两侧设运动场；中间设走道和饲槽，宽度1.5～2m，或根据机械配置确定；羊栏呈两行对头排列，一般跨度9～15m，开间3～4m，前、后檐高分别为2～2.3m，中高3～3.2m，长度30～40m。

在饲喂场地配置固定饲槽、移动饲槽、移动草架、羔羊补料槽、移动饮水槽，并配置铡草机、饲料粉碎机、青贮窖、草棚及药浴池等。

（二）程序化免疫预防技术

主要由合作社统一组织，委托镇兽医站，按照国家相关病种技术规范，对合作社社员所饲养的羊只统一免疫预防，主要免疫预防病种包括：小反刍疫、口蹄疫、布鲁氏菌病、羊痘、羊口疮、羊链球菌病、羊梭菌类疫病等（图7-6-3）。

图7-6-3 免疫预防技术

（三）光控增绒技术

按照光照对绒毛生长的影响机理，在绒山羊非长绒季节（每年5月月初至9月上旬，即自然日照逐渐由短日照变为长日照再转为短照时段），通过人工控制光照，促进绒毛生长（当自然光照由长日照变为短日照时，绒毛表现快速发育生长；当自然光照由短日照变为长日照时，绒毛表现生长停止并脱落），实现绒山羊常年生绒。一般绒山羊脱绒后，每年5月月初开始至9月中旬，实行人工减少自然光照，即每天16：30至第二天9：30，把羊饲养在通风降温良好且密闭的控光增绒专用羊棚（图7-6-4），其他时间，羊只正常自由采食活动；从9月中旬到10中旬再逐步过渡到自然光照，撤销人工控制措施。试验表明，在榆林地区，舍饲条件下，绒纤维长度可增加30.7%，绒产量可增产37%。

图7-6-4 光控增绒羊棚

三、基础设施及配套建设

所属聚丰种羊场，场区总占地60余亩，建成开放式羊棚6 000余m²（图7-6-5）、饲草棚1 000余m²、光控增绒棚200余m²；配备有铡草机、饲料粉碎机、揉丝机、搅拌机、四轮和三轮及其他农业机械10余台套，2017年年末存栏羊540多只，其中，陕北白绒山

羊410只（繁殖母羊230只、配种公羊6只、待售育成公羊120只、其他54只）、肉绵羊（黑头萨福克、陶赛特）130只（繁殖母羊90只、配种公羊4只、其他26只）。

图7-6-5　羊棚建设

四、效益分析及示范效果

2017年，合作社所属35个家庭适度规模绒山羊养殖场，累计生产销售绒毛7 896.3kg，收入129.5万元；出售种羊800余只，收入144.5万元；出售育肥羊7 300余只，收入609万元；总计毛收入883万元，户均毛收入25.23万元。其中聚丰种羊场，出售种羊187只，收入50余万元，实现净利润18.5万元。

聚丰模式的成功实践，为推动榆林全市农民专业合作社的发展起到很好的示范引领作用，到2017年年末，全市累计注册登记养羊农民专业合作社近3 000户，发展会员3万余人，占到全市各类农民专业合作社的近30%（图7-6-6）。

图7-6-6　参观聚丰农民专业合作社

范例七 "15511"绒山羊高效生态养殖模式

——横山区马家梁村

一、绒山羊高效生态养殖模式及其特点

横山区马家梁新农村陕北白绒山羊养殖小区，是根据马家梁新农村建设和村庄布局规划要求，于2008年启动建设，小区总占地150余亩。2008年至2017年，小区建设累计完成投资3 424万元，其中，政府投资631万元，农民自主投入2 793万元。已建成农户高标准住宅1.2万m²，入住农户37户、231人。建成标准化羊舍3万余m²，2017年年末存栏陕北白绒山羊5 100余只，户均140余只，人均22只。

小区建设，一是实行统一规划布局、人畜分离，确保人与自然和谐，环境优美，幸福生活（图7-7-1）；二是按照一个农户、种植50亩饲草、饲养陕北白绒山羊母羊50只、年培育或育肥出售羊100只、实现收入10万元（简称"15511"模式），为每户入区农户配置陕北白绒山羊养殖设施，确保入区农户产业稳定、收入稳定；三是与周边160户陕北白绒山羊育种户联合开展陕北白绒山羊品系选育；四是成立专业合作社，组建科技服务团队，坚持开展陕北白绒山羊统一选育、统一培育、统一防疫、统一出售。

图7-7-1 参观马家梁新农村白绒山羊养殖小区

二、绒山羊高效生态养殖的关键技术

（一）陕北白绒山羊一年两胎或两年三胎频密产羔技术

就是安排母羊一年生产两次羔或两年生产三次羔。一要抓好母羊营养供给，保持良好的繁殖体况。母羊配种前，体重每增加1kg，可提高排卵率2%～2.5%，相应产羔率提高1.5%～2%；特别配种前5～8d，改善母羊日粮营养水平，能显著地提高母羊的排卵率和产羔率。二要充分用好公羊效应。要求非繁殖配种季节，公母羊要严格隔离饲养管理，要求母羊闻不到公羊的气味，听不到公羊的叫声，看不到公羊的身影；在配种季节来临前，再把公羊放入母羊群中，一般24h后就会有相当部分母羊出现正常发情周期

和较高的排卵率。这样不仅可以将配种季节提前，而且可以提高受胎率，便于繁殖生产的组织管理。三要做好羔羊培育工作，让羔羊尽早断奶。羔羊持续哺乳，会导致母羊垂体促性腺激素的分泌量和泌频率不足，不能发情排卵。一般一年两胎，要求羔羊40d断奶；两年三胎，可60天断奶。羔羊断奶后，要保持羔羊生活环境稳定，供给高品质的蛋白饲料和优质青干草，日粮精粗比保持在6：4。四要周密安排生产计划，科学把控配种时间。根据生产实践经验，一年两胎，第一胎宜在当年10—11月间配种，翌年3—4月产羔；第二胎宜在当年4—5月配种，当年9—10月产羔；两年三胎，按照8个月产羔间隔，安排母羊配种产羔。

（二）陕北白绒山羊品系培育技术

根据小区及周边160户联合育种户的陕北白绒山羊群体突出特征，分为多绒高产型、频密产羔高繁型、体大快长肉绒型三个品系开展陕北白绒山羊品种内品系选育（图7-7-2）。采取系祖建系、群体半闭锁继代选育措施，通过近10年的发展培育，初步建立陕北白绒山羊品种内品系选育群近1万只。其中多绒高产型品系，成年公母羊平均抓绒量分别为1 200g、650g，绒纤维细度总体控制在16μm以下，绒毛自然长度大于6cm；频密产羔高繁型，基本实现一年两胎或两年三胎，且双羔率达65%以上，平均年繁殖成活率达215%；体大快长肉绒型，总体表现生长发育快，肉用性能突出，12月龄专门育肥屠宰，平均胴体重达17.5kg，屠宰率52.83%，但绒纤维细度偏粗，基本在16.5～18μm。

图7-7-2　陕北白绒山羊

（三）陕北白绒山羊高效全舍饲养殖技术

小区所有羊只全部实行常年全舍饲饲养，关键要点包括：

1.完备的养殖设施

每户配备带运动场开放式羊棚500m²，草棚180m²，及饲槽、铡草机、粉碎机、农用三轮等；

2.科学的饲养制度

要求每天分早、中、晚定量饲喂3次，自由饮水；全天以成年母羊为标准，平均每只羊供给混合粗饲料（各类可食饲草5种以上，其中，豆科牧草不少于1种，占比不低于15%）0.75kg、混合精饲料（其中，玉米占比70%）0.3kg，确保繁殖母羊、配种公羊常年保持优良的种用体况。

3. 全面落实一年两胎或两年三胎繁殖制度

2016年6月至2018年5月产羔统计分析，小区参加配种繁殖母羊共计1 620只，共生产4 131胎，成活断奶羔羊6 680只，母羊年繁殖率达206.17%。

4. 严格的疫病防控制度

小区实行严格的统一免疫防控制度，重点加强对口蹄疫、小反刍兽疫、布鲁菌病、羊痘、羊梭菌病及寄生虫病的预防。

5. 统一规范的整群鉴定制度

每年3—6月，由小区科技服务团队，统一对小区内所有羊只进行个体鉴定、佩戴或补齐耳标，完善健全档案，严格淘汰不合格种羊，统一标记拟出售种羊并组织推销。

三、基础设施及配套建设

小区内统一配置有完备的水、电、路等基础设施；设有统一的兽医治疗室、羊人工授精室及专门的技术培训教室；配套建设有举办种羊展示及赛羊场馆1处；入区农户累计建有基本饲草地2 000余亩；同时，设有陕西省科技厅命名的陕北白绒山羊省级专家大院1处（已引进省、市、区专家23名）（图7-7-3）。所有这些配套措施，为小区的健康稳定发展起到了重要的保障支撑作用。

图7-7-3　小区内建设情况

四、效益分析及示范效果

2017年，小区实现养羊总收入1 430万元，户均39.7万元，人均6.3万元，占到家庭总收入的92.5%。小区的建设与发展得到历届陕西省委、省政府，榆林市委、政府，横山区委、区政府主要领导的高度重视和支持，中共中央政治局常委赵乐际同志，在担任陕西省委书记期间亲临小区视察指导工作，有力地推动了小区的快速发展。小区先后被国家绒毛用羊产业技术体系确立为全国绒山羊科学养殖示范基地；被陕西省科技厅授予陕西省科技特派员创业示范基地；被陕西省农业厅授予陕北白绒山羊良种繁育基地；被陕西省科协授予陕西省养羊科普示范基地，被榆林市政府命名为陕北白绒山羊科学养殖示范园（图7-7-4）。

图7-7-4　陕北白绒山羊赛羊大会

模式八

甘肃河西走廊荒漠草原绒山羊——高效育肥异地养殖模式

甘肃省张掖市平山湖蒙古族乡荒漠草原绒山羊生产体系在甘肃省河西走廊乃至新疆、内蒙荒漠草原绒山羊生产体系中有其典型性和代表性。

一、地理位置及社会经济概况

（一）地理分布与自然资源

位于东经100°6′~100°52′，北纬38°32′~39°24′；总分面积1 040.00km²，东西长：40.00km，南北宽26.00km；最高海拔3 637.00~1 567.60m；年平均气温3.20℃，年最高温度30.00℃，年最低温度-18.70℃；无霜期140~160d；年降水量30~200mm，年蒸发量2 000~2 400mm；冻土深度125.00cm。

（二）经济社会状况

1.牧户及其人口变化

2017年，平山湖蒙古族乡蒙族占总人口的17.64%、汉族占总人口的80.93%、土族占总人口的1.07%、裕固族占总人口的0.23%，回族占总人口的0.13%（表8-0-1）。

2.社会经济状况

项目区地处西北荒漠草原区，产业组成为单一典型的草原畜牧业，生产模式是典型的放牧生产体系。畜牧业生产2008年全乡完成国内生产总值386万元，人均纯收入达1 800.00元，2013年全乡完成国内生产总值1 597.00万元，人均纯收入达6 200.00元。

表8-0-1　1949—2017年平山湖蒙古族乡居住民族与人口变化情况（单位：户、人）

年度	总户数						总人口					
	蒙古族	汉族	土族	裕固族	回族	合计	蒙古族	汉族	土族	裕固族	回族	合计
							小计	小计	小计	小计	小计	
1949	24	160	1		1	186	132	741	10		1	884
1982	18	172	2	1		194	113	736	11	4		864
1990	24	177	7	1		209	114	721	8	2		845
2000	29	187	6	1		223	127	592	10	2		731
2008	35	177	6	6		246	138	598	14	2		752
2013	54	243	5	1		303	143	654	5	2		804
2017	62	270	5	2	1	340	148	679	9	2	1	839

二、饲草料供给及生态保护现状

（一）草畜生产体系资源概况

到2013年，平山湖荒漠草原区家畜的饲养量达到61 700（头、只、匹），是1983年的3.33倍，其中绒山羊的饲养量达到40 547只、绵羊的饲养量达到18053只，骆驼的饲养量达到1 800峰，其他马牛驴骡饲养量1 300头（匹）分别是1983年的6.78倍、1.80倍、0.84倍、3.25倍。2017年，平山湖荒漠草原区家畜的饲养量达到30 897（头、只、匹），是1983年的1.68倍，其中，绒山羊饲养量20 276只、绵羊8 392只、骆驼750峰、其他马牛驴骡饲养量1 479头（匹）。分别是1983年的3.39倍、0.83倍、0.35倍、3.69倍（表8-0-2，表8-0-3）。

表8-0-2　1983—2017年平山湖蒙古族乡饲养家畜数量变化

时间	羊只			大牲畜				合计
	绒山羊（只）	绵羊（只）	骆驼（峰）	马（匹）	牛（头）	驴（头）	骡（匹）	
1983	5 980	10 020	2 131		400			18 531
2008	21 500	4 920	1 300		580			28 300
2013	40 547	18 053	1 800		1 300			61 700
2015	41 228	15 664	2 100		1 423			60 415
2016	42 840	13 216	1 224		1 759			59 039
2017	20 276	8 392	750		1 479			30 897
2013较1983	6.78	1.80	0.84		3.25			3.33
2017较1983	3.39	0.83	0.35		3.69			1.68

表8-0-3　平山湖蒙古族乡可利用草场主要牧草生产力

牧草名称	株数	高度（cm）	盖度（%）	频度（%）	鲜重（g）	干重（g）
合头草	4.60	11.30	14.00	50.00	70.30	32.20
巴西藜	80.00	9.10	20.00	87.00	114.00	38.70
猪毛菜	2.50	13.50	13.50	65.00	397.80	146.20
红砂	2.50	5.10	6.70	57.00	12.00	8.20
珍珠茅	3.50	13.30	15.00	73.00	244.00	127.80
白刺	1.00	26.00	12.00	——	76.00	62.30

采集地点：张掖市甘州区平山湖乡；采集地海拔高度：1 868m；采集地经纬度：N39° 11.046，E100° 42.761′；

样方面积：1m×1m；草原类型：荒漠；牧草总盖度：40%；采集时间：2013.9.15

（二）草地资源概况

平山湖境内可利用的草原面积为773.33km²（116万亩，折合7.73万hm²），草原类型包括干荒漠草场类、山地荒漠草场类、荒漠化草原草场类、山地草原草场、山地草甸草场类、高寒草甸草场共6类（表8-0-4），各类草场分布主要牧草38种（其中，毒草3种），优势牧草为巴西藜、白刺、合头草、红沙、芨芨草、盐爪爪、珍珠。喜食牧草为合头草、白刺、红沙。牧草总盖度为40%，主要生长植物为合头草、巴西藜、猪毛菜、红砂、珍珠柴和白刺。在所有调查植物中，巴西藜占总盖度的50.0%，珍珠柴占总盖度的37.5%，合头草占总盖度的35.0%，白刺占总盖度的30.0%，红砂占总盖度的16.8%；而植物含水量由低到高分别为：白刺、红砂、珍珠柴、合头草、猪毛菜、巴西藜。调查区植物种类相对稀少，植株数除巴西藜为80株外，其余均不超过5株。饲养家畜主要有山羊、骆驼、驴、马、牛等。

表8-0-4　1963—2013年项目区平山湖蒙古族乡可利用草场面积变化

草场类型	面积变化（万亩）				
	1963	1983	2008	2013	较1983年减少（%）
干荒漠草场	58.34	56.22	46.54	41.09	26.91
山地荒漠草场	13.01	12.45	12.12	11.07	11.08
荒漠化草原草场	20.00	19.54	18.64	17.23	11.82
山地草原草场	20.50	20.50	20.50	20.50	0.00
山地草甸草场	1.10	1.10	1.10	1.10	0.00
高寒草甸草场	0.93	0.93	0.93	0.93	0.00
合计	113.88	110.74	99.83	91.92	16.99
超载率%	4.30	12.00	133.00	147.00	——

（三）饲草料供给及生态保护现状

综上分析，项目区荒漠草原的利用严重超载，草场类型多样性消失，放牧家畜依然处在"冬瘦春乏、夏壮秋肥"恶性循环。

三、河西走廊荒漠草原绒山羊高效生态养殖模式研究

荒漠草原是一个巨大的生态系统，为经济社会发展提供生态服务和经济服务，其经济属性、生态属性、社会属性、文化属性的可持续性与家畜生产体系的可持续性互为统一。西北地区荒漠草原绒山羊高效生态养殖是一个生产体系的可持续性问题；是一个生产体系要素不断优化匹配的长期性问题；当务之急是解决草畜平衡问题。绒山羊生产体系高效养殖技术与荒漠草原生态恢复技术的研究与示范推广，重点任务是生产体系中草畜平衡、高效生产、质量收益三者之间的协同（图8-0-1）。

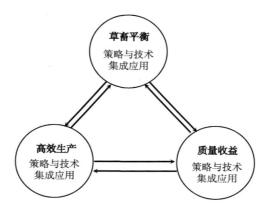

图8-0-1　西北荒漠草原绒山羊高效生态养殖草畜平衡、高效生产、质量收益三者之间的协同关系

（一）河西荒漠草原绒山羊异地养殖与全过程阶段式品质育肥模式

传统的草畜平衡是以草地生物量的供应与放牧家畜需求量来估测草畜平衡，对草地牧草组成的可食牧草、喜食牧草产量供应，特别是放牧条件下草地牧草代谢能评价极为局限，使得放牧家畜自草地获得的能量乃至补饲能量供应不能精准评价，导致放牧家畜生产潜力提升受到局限。

（二）项目区平山湖荒漠草原绒山羊放牧生产体系草畜平衡分析

甘肃农业大学吴建平教授、澳大利亚悉尼大学David Kemp教授提出"以草地生物量、草地牧草代谢能和草地生态系统可持续性为指标的草畜平衡三级评价理论"，阐明了草畜平衡的不同评价指标以及对可持续放牧生产体系乃至放牧生态系统健康水平的协同关系（图8-0-2）。

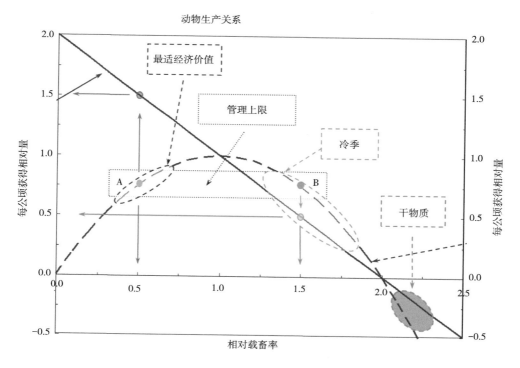

图8-0-2 载畜率与放牧家畜生产性能及草原生产力三者关系的模型

（三）项目区平山湖荒漠草原绒山羊放牧生产体系草畜平衡策略与模式选择

详见图8-0-3，图8-0-4和表8-0-5。

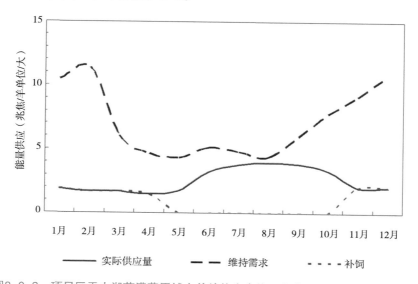

图8-0-3 项目区平山湖荒漠草原绒山羊放牧生产体系牧草代谢能供应与需求评价

163

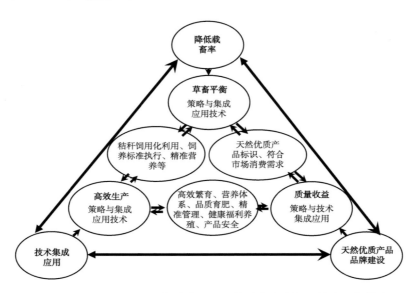

图8-0-4　项目区平山湖荒漠草原绒山羊放牧生产体系草畜平衡策略

表8-0-5　项目区平山湖荒漠草原绒山羊放牧生产体系草畜平衡模式选择

序号	草畜平衡模式	拟解决的重大问题	模式可行性分析
1	阶段性休牧、禁牧、草原封育	牧民生产、生活、生计	政府主导、机制与模式创新
2	实施牧民移民工程、形成合作组织流转承包草场、划区轮牧	移出牧民再就业安置、再就业能力建设，相对生活水平有所提高等	政府主导、草场承包、机制与模式创新
3	异地舍饲养殖、减少放牧绒山羊现实存栏量及其他家畜饲养量	异地养殖基地建设、饲草料基地建设、绒山羊高效率与高效益养殖技术支撑	结合政府主导的牧民定居工程、草原奖补工程、惠民项目实施
4	退化草原生态修复工程	牧草补播、水肥条件等措施配套，系统恢复荒漠草原生态系统。	政府主导、牧民参与、重大专项支撑

范例一　异地育肥养殖模式

——平山湖荒漠草原区

一、概况

截至2013年，平山湖荒漠草原区家畜的饲养量达到61 700（头、只、匹），是1983年的3.33倍，其中，绒山羊的饲养量达到40 547只、绵羊的饲养量达到18 053只，骆驼的饲养量达到1 800峰，其他马牛驴骡饲养量1 300头（匹）分别是1983年的6.78倍、

1.80倍、0.84倍、3.25倍。2017年，平山湖荒漠草原区家畜的饲养量达到30 897（头、只、匹），是1983年的1.68倍，其中，绒山羊饲养量20 276只、绵羊8 392只、骆驼750峰、其他马牛驴骡饲养量1 479头（匹）。分别是1983年的3.39倍、0.83倍、0.35倍、3.69倍。

自2014年，先后依托牧民定居工程、草原生态奖励工程、甘肃省侨联专项项目、民族团结共同繁荣和共同进步项目、甘肃省农牧厅草牧业粮改饲项目、牧民自筹，累计投入3 400余万元，在项目区平山湖农牧交错带红沙窝牧点建设平山湖蒙古族乡永裕养殖小区1处，按照生产区、生产辅助区、生活区的功能进行规划布局，完成总建筑面积176 000m²，2014年完成标准化羊舍建设8栋、2016年完成标准化羊舍建设10栋、2017年建设标准化羊舍18栋，每栋羊舍1 200m²，每栋拟饲养绒山羊500只，小区绒山羊总饲养量18 000只，入住90户牧户。配套开发饲草料种植基地2 500亩，2015年完成机井10眼、灌溉基础设施配套，开始饲草料种植。配套建设饲料间18间315m²，储草棚18间3 600m²，新建围墙2km，铺设场区道路3km，建设林带6 710m，修建饲草地防洪堤坝3km（图8-1-1，图8-1-2，图8-1-3，图8-1-4）。

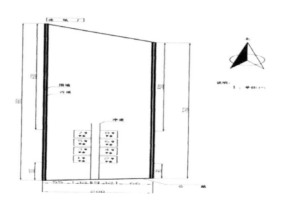

图8-1-1　平山湖项目区荒漠草原绒山羊放牧生产体系红沙窝异地养殖基地示意

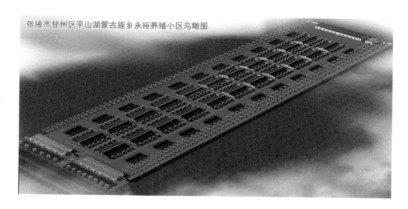

图8-1-2　项目区平山湖荒漠草原绒山羊放牧生产体系红沙窝异地养殖基地平面布局

图8-1-3　平山湖荒漠草原绒山羊放牧生产体系红沙窝异地养殖基地

图8-1-4　平山湖荒漠草原绒山羊放牧生产体系红沙窝异地养殖基地

二、异地养殖主要技术支撑

动物营养标准执行、饲草料营养价值快速检测（NIR）、饲草料营养价值数据库、饲草料搭配的协同效应、营养调控、营养决策、精准营养管理是现代动物营养体系的重点方向，是实现动物高效生产的关键技术之一。

（一）秸秆饲用化利用技术集成应用与示范

项目区平山湖荒漠草原绒山羊放牧生产体系部分羊只转为舍饲养殖，饲草料来源完全依赖外部饲草料基地和外部市场，特别是粗饲料资源的开发利用。同时要把生产效率的提高和生产成本的降低放到突出位置进行攻关突破。

充分利用绒山羊异地养殖基地周边农作物秸秆资源和栽培牧草资源，开展饲用化利用技术集成应用与示范，解决绒山羊异地养殖基地优质粗饲料的供应。

示范推广秸秆青贮发酵或栽培牧草发酵益生菌、矿物盐载体复合益生菌合剂防止发酵系统异变，缩短发酵时间，降低发酵积温，减少干物质损失。应用植物精油和有机

钻的协同作用，植物细胞壁降解消化，提高作物秸秆饲用化利用或栽培牧草消化率和饲用价值。青贮微生态系统的质量决定发酵速率、干物质回收率、干物质采食量及饲喂价值、饲喂效率等。青贮微生态系统反应过程如同生物反应堆，在青贮有氧制作、厌氧发酵、好氧饲喂阶段均可产生异变风险，影响营养物质保存与饲喂效果。利用青贮微生态系统调控优化产品，定向调控优化微生态系统物理、化学反应方向，是青贮技术体系的关键控制点之一（表8-1-1）。

表8-1-1　高纤维作物秸秆和栽培牧草青贮饲喂价值提高的技术集成

序号	技术名称	技术要点
1	生物量与干物质、消化率、代谢能平衡技术	品种选择、丰产栽培农艺技术，干物质含量评价、适时收获技术
2	秸秆或牧草切割长度及其颗粒分布	宾州筛评价
3	青贮窖填充压实或裹包密度	切割秸秆或牧草在窖内平铺层达到30cm压实1次，密度650kg/m³；裹包密度600～650.00kg/m³
4	青贮窖密封或裹包定型	青贮窖窖顶作业面由"凹"形面向"凸"形面转换，专用覆膜紧贴平整的凸形面，覆土或放置废旧轮胎；青贮裹包机械一次定型
5	发酵微生态系统调控优化	产品应用防止微生态系统异变，减少营养物质损失
6	发酵质量评价	乳酸、乙酸、丙酸、丁酸含量评价
7	饲喂面好氧稳定性管理	饲喂面大小设计、每天移取≥30cm；青贮裹包即开即用
8	青贮营养价值数据库建设	近红外光谱NIR技术

（二）绒山羊全过程阶段式品质育肥技术

TMR日粮次生发酵霉菌产生的毒素影响日粮生物安全、胁迫瘤胃微生物区系的健康水平，拮抗日粮营养物质的消化吸收。已知的霉菌毒素超过600种，其黄曲霉毒素、玉米赤霉烯酮、呕吐毒素、烟曲霉毒素、赭曲霉毒素危害巨大。

宜生饲宝（Rum-A-Fresh）对日粮中有害微生物的灭减作用和对瘤胃微生物活性调控技术应用。宜生饲宝可保持TMR日粮营养品质：灭减日粮次生霉菌、酵母菌、大肠杆菌；减少次生发酵毒素产生；减少日粮次生发酵营养损失；改善TMR日粮适口性。提高TMR日粮饲喂效率：提高瘤胃微生物区系特别是植物性微生物群落的活性，灭减瘤胃有害微生物；植物细胞壁消化降解增加、能量释放利用效率提高。提高牛羊瘤胃及消化道健康水平：瘤胃和消化道微生物区系健康、活性提高；消化道膜系统生长代谢旺盛、消化吸收效率提高；减少病原微生物定殖机会、增强免疫机能。提高牛羊生产性能：提高繁殖效率、生长性能、泌乳性能（图8-1-5）。

图8-1-5　营养代谢试验

三、效益分析及示范效果

（一）绒山羊全过程阶段式品质育肥效益

日粮中添加宜生饲宝灭减次生发酵有害微生物，减少毒素产生，同时调控瘤胃微生物活性。绒山羊全过程阶段式品质育肥90d，每30d为一个育肥阶段，第一阶段干物质采食量为800g；第二阶段干物质采食量900g；第三阶段干物质采食量1 000g。饲喂状态饲料成本为1 720.00元/t，干物质成本1 955.00元/t。对照组平均日增重为96.30g/d、4g组平均日增重为172.22g/d、7g组平均日增重为169.82g/d。第一阶段对照组、4g组、7g组饲料成本均为47.10元，第二阶段对照组、4g组、7g组饲料成本均为52.92元，第三阶段对照组、4g组、7g组饲料成本均为58.80元。宜生饲宝价格120.00元/kg。育肥全期，对照组、4g组、7g组饲料总成本分别为158.82元、202.02元、234.42元。绒山羊活重价格28.00元/kg计算。对照组、4g组、7g组除去饲料成本后的毛利润分别为83.87元/只、231.97元/只、193.52元/只。4g组、7g组较对照组分别增加利润为148.10元/只、109.65元/只。

（二）秸秆饲用化利用效益评价

全株玉米青贮总可消化养分（TDN）提高到63%，黄贮TDN提高到54%。折合全株玉米青贮和黄贮为玉米代谢能与价值，全株玉米青贮增加利润70.00元/t、黄贮20.00元t。计算模型：ME（Mcal/kg DM）=TDN（%）×0.036 15，玉米代谢能为3.22（Mcal/kg DM）。

范例二 家庭牧场基础母羊精准淘汰选育与冷季补饲研究
——甘肃河西走廊荒漠草原家庭牧场

选择3个绒山羊生产典型牧户，2个为试验户、1个为对照户。开展家庭牧场基础母羊精准淘汰选育与冷季补饲。试验户选择淘汰、冷季补饲，对照户不进行选择淘汰，仅进行冷季补饲。对不同年度家庭牧场的羊只进行选择淘汰，标准为：体况评分（5分制），牙齿评分（磨损、健康状况）、乳腺评分（发育、损伤、健康）（图8-2-1，表8-2-1）。

图8-2-1 平山湖荒漠草原区家庭牧场绒山羊选择淘汰

表8-2-1 平山湖荒漠草原区家庭牧场绒山羊选择淘汰效果

牧户	称重时间	绒山羊群体数量结构（只）			绒山羊体重（kg）	
		繁殖母羊	后备母羊	羔羊	繁殖母羊	断奶羔羊
试验户任锦	2012年11月	273	60	—	32.77 ± 4.90	—
	2013年5月	220	53	218	28.15 ± 3.36	6.12 ± 0.52
	2013年11月	245	28	—	31.77 ± 4.94	—
	2014年5月	212	40	207	28.45 ± 2.86	8.64 ± 1.57
	2014年11月	200	30	—	30.67 ± 3.94	—
	2015年5月	220	60	172	28.66 ± 3.54	9.12 ± 1.33
	2015年11月	270	30	—	33.04 ± 2.07	

（续表）

牧户	称重时间	绒山羊群体数量结构（只）			绒山羊体重（kg）	
		繁殖母羊	后备母羊	羔羊	繁殖母羊	断奶羔羊
试验户 那儿苏	2012年11月	255	55	—	31.92 ± 5.06	—
	2013年5月	192	50	206	27.52 ± 4.99	6.87 ± 1.83
	2013年11月	216	26	—	31.71 ± 5.23	—
	2014年5月	232	50	186	28.22 ± 3.64	8.94 ± 1.24
	2014年11月	209	32	—	30.40 ± 3.27	—
	2015年5月	210	60	178	28.23 ± 1.78	9.06 ± 1.25
	2015年11月	250	40	—	32.25 ± 2.07	—
对照户 张银林	2012年11月	320	70	—	31.67 ± 3.50	—
	2013年5月	241	68	252	27.35 ± 2.44	6.04 ± 0.45
	2013年11月	294	44	—	29.66 ± 2.18	—
	2014年5月	245	38	238	25.43 ± 3.68	7.21 ± 1.32
	2014年11月	222	57	—	27.15 ± 3.24	—
	2015年5月	270	60	174	24.23 ± 1.78	7.06 ± 1.45
	2015年11月	280	60	—	27.77 ± 1.24	—

试验组较对照组当年11月至翌年5月体重损失减少，繁殖率由79.36%提高到83.44%，羔羊断奶体重由6.77kg提高到8.13kg（图8-2-2，图8-2-3，图8-2-4）。

图8-2-2　平山湖家庭牧场牧绒山羊冷季放牧　试验户1

图8-2-3　平山湖家庭牧场牧绒山羊冷季补饲　试验户2

图8-2-4　平山湖家庭牧场牧绒山羊冷季补饲　试验户3

　　通过精准淘汰选育、冷季休牧补饲等技术措施提高绒山羊生产效率、草原放牧强度
显著降低，草畜平衡工程效果显著。

新疆绒山羊——高效生态养殖技术集成创新及模式创建

一、概述

根据新疆相关统计数据，2016年年末，全区绒山羊饲养量与2000年同期相比增加，数量达528.7万只，比2000年增加12.2%，较2014年654万只的历史最高数量虽有大幅度缩减，而羊绒产量大幅度的上涨，达到1 324t，比2000增长84.9%。年产山羊绒已经从2000年的716t发展到2016年的1 324t，成为我国第三大产绒省区，平均山羊绒单产达250g。最细的绒山羊细度为11.02μm（表9-0-1，表9-0-2）。

表9-0-1　新疆绒山羊基本情况

年份	总产量（万只）	相比2000年增长率（%）	产绒量（t）	相比2000年增长率（%）
2000	471.38	—	716	—
2013	586.7	24	893	25
2014	654.2	39	1 263	76
2015	569.4	20.7	1 261	76
2016	528.7	12.2	1 324	84.9

表9-0-2　新疆草场基本情况

序号	地州	总量（万只）	草场面积	草场类型
1	伊犁哈萨克自治州	129.27	427万亩	高原草场
2	阿克苏地区	109.45	5 308.5万亩	荒漠草原
3	塔城地区	63.87	23.9万公顷	山区丘陵草场
4	生产建设兵团	40.21	土地、草场、水面总和约7.2万km²	

（续表）

序号	地州	总量（万只）	草场面积	草场类型
5	巴音郭楞蒙古族自治州	57.81	1 100万公顷	高山草甸草场 山区丘陵草场
6	阿勒泰地区	39.52	15 000万亩	高原草场 山区丘陵草场
7	昌吉回族自治州	42.85	578.01万公顷	荒漠草原高原草场 荒漠草原
8	喀什地区	41.9	11.48万公顷	河滩草场 高原草场
9	克孜勒苏柯尔克孜自治州	37.35	4 473.2万亩	高原草场 荒漠草原
10	和田地区	28.34	262.9万公顷	荒漠草原
11	哈密地区	19.64	6 200万亩	荒漠草原

二、集成组装创新技术及模式创建

以新疆绒山羊为主，在新疆绒山羊产区集成了绒山羊羊绒质量控制等10项技术，形成不同类型典型案例15个以上，通过实施较为全面的山羊绒质量控制技术，加大生产流通环节关键点的技术力度，示范区山羊绒产品质量有了提高，基本从育种、繁育、饲养管理、采集、包装、品牌运作、基础设施建设、技术服务体系等多个方面形成完善的产品市场开发技术体系。

该项模式是以新疆绒山羊山羊绒分级整理技术、羊穿衣技术及现场快速检测技术研究，优绒优价市场机制建立及超细山羊绒的纺织加工与产品开发、细绒型和高产型绒山羊良繁技术、绒山羊全年营养均衡供给技术应用为主，创建新疆绒山羊高效生态养殖技术模式。

三、主要约束性指标

建立山羊绒质量控制技术示范基地4个；开发细度长度一体化便携式快速检测设备样机1套（图9-0-1）；完善山羊绒分级整理技术，制定《山羊绒分级整理技术规程》一项。降低项目示范区山羊绒疵点绒比例0.5%，绒细度离散控制在25%以内，支撑建立优绒优价机制；研发使用寿命在3年以上的山羊羊衣，示范推广10 000件，示范区山羊绒净绒率提高5%，灌丛较多的丢绒区羊均减少丢绒50g；研发近红外鉴别毛绒技术；畜群养殖环境控制和机械化水平提升20%以上，养殖废弃物资源利用率75%以上，养殖环节用药减少20%以上，重大疫病综合防控免疫程序健全，羊只发病率下降3%以下，动物发病率、死亡率和公共风险显著降低。养殖生产效率、劳动生产率明显提升。

图9-0-1 检测装置及证书

四、推广应用情况

（一）将山羊绒质量控制技术作为质量管理重点进行推广和转化

项目组将和丰县一牧场、阿克苏温宿县、拜城县种羊场和新疆雪羚生物科技有限责任公司四个单位作为"西北地区荒漠草原绒山羊高效生态养殖技术研究与示范技术集成创新及模式创建"的科技示范区，并在示范区现有绒山羊养殖工作基础上，将山羊绒抓绒、分级技术作为产品质量的管理重点进行推广和转化。为更好体现羊只整群分级的管理效果，项目组在示范区共组建近2万只绒山羊的示范群。每年在春季选择养殖群体较为集中的示范场和养殖大户中采集大量的检测样品进行客观检验，对检验结果按照细度进行分等级归类，从2013年开始，每年5月抓绒工作开展前期派出相关技术人员按照客观检测结果进行初次分群，按照采集程序进行抓绒和羊绒分级技术服务，从理论和实践两个方面为当地技术骨干和养殖大户说明采集过程中的初次分群、抓绒、分级等质量管理技术对加强产品质

图9-0-2 剪羊毛

图9-0-3 羊毛筛选

量控制（图9-0-2，图9-0-3）、提升山羊绒产品使用价值和市场价值的重要作用。项目实施期间，项目组工作人员亲自进行技术服务涉及的山羊绒数量达到15t以上，带动和辐射示范区和周边地区实行科学抓绒和分级的山羊绒数量达到60t以上，为示范区山羊绒产品的质量控制起到了积极的作用。

（二）推行客观选种、提高选配效率

品种改良是提升山羊绒综合品质的基础工作，是对羊绒产品整体质量控制的源头，项目组为引导项目示范区重视加强种羊管理工作，充分利用示范区现有种质资源和现代畜禽繁育技术带动绒山羊的养殖效率。项目组在2014年、2015年连续协助和丰县一牧场举办赛羊会，扩大当地牧民良种意识，在每年配种季节派出技术人员到示范区进行种羊鉴定和人工授精等技术服务，保证项目示范区核心群近2.3万只羊都能够在"良种良配"技术服务下总体提升后代产绒的质量（图9-0-4）。

图9-0-4　新疆绒山羊

（三）以标准体系为支撑，加强山羊绒产品关键环节质量控制

先后制定地方标准《新疆山羊》《绒山羊抓绒技术规范》《山羊绒分级整理技术规程》3项（图9-0-5），在生产中发挥了显著的效用，得到了农业部以及行业专家的认可，已升格为行业标准，在更大范围内推广使用。这些标准的制修订完善了山羊绒产品在生产规程中关键环节的质量控制技术，加强了品牌山羊绒产品质量控制的技术可行性。

图9-0-5　制定地方标准

（四）加强饲养管理，大力推行羊穿衣技术

羊穿衣技术在细羊毛的饲养管理和提升羊毛的综合品质起到了重要的作用（图9-0-6）。项目组根据新疆山羊养殖环境多处于干旱、半干旱，荒漠、半荒漠地区，风少大，草刺多的特点，针对山羊的生活习性、体况、饲养方式等与细羊毛存在较大的差别，对山羊羊衣重新进行了设计和开发。项目期间，项目组先后研制和制作了近3万件山羊羊衣在4个项目示范区核心羊群中推广示范，取得了良好的效果。不仅提高了绒山羊的含绒率，减少山羊绒受污染的程度，还有效地防止了山羊绒的挂失，对提高绒山羊的单产效益和综合品质发挥了明显的作用。

图9-0-6　羊穿衣技术

（五）优绒优价市场机制建立及极细山羊绒的纺织加工与产品开发

项目合作单位北京雪润、新疆雪羚生物科技有限公司联合本课题组建立物流平台收购项目区优质山羊绒，在抓绒季节利用现场快速检测设备及技术，分等定价，基本实现了优绒优价的市场机制，并针对新疆特细山羊绒特点，开发适合的物流方案，以及分梳、染整、设计、加工等综合配套技术，结合新疆元素以及国际高端市场潮流，邀请意大利设计师，开发特细山羊绒产品，设计品牌营销方案和品牌方案2项，截止目前已开发细度在14μm以内的高端山羊绒制品3万件，创立名牌产品1个。

（六）构建了全面的技术服务体系

项目组针对"萨帕乐"山羊绒产品在生产开发过程中所需要技术服务构建了较为全面的服务体系。完善了《山羊绒标准化生产技术体系》《山羊绒质量控制》等培训教材，为在最大范围内普及山羊绒生产技术，项目组分别于2013年10月、2014年3月、2015年10月、2016年3月在项目区和丰县一牧场、阿克苏温宿县白虎台试验站、拜城县种羊场等地举办16期绒山羊标准化生产技术培训班，同时还进行现场种羊鉴定、人工授精、胚胎移植、羊穿衣、抓绒、分级、品牌宣传、市场化贸易洽谈等技术服务，形成全面的技术服务体系。培训当地养殖大户和牧民共计650余人次，培养当地技术骨干110余人次（图9-0-7）。

图9-0-7　绒山羊标准化生产技术培训班

五、效益分析

（一）经济效益

通过示范项目的实施，种畜生产能力有了大幅度提升，良种化程度不断提高，促进了全县绒山羊业生产向产业化、规模化方向开展，通过组建的三级繁育体系，累计开展绒山羊品种改良37 319只，绒山羊良种化率提高15%。改良后绒山羊单只价格提高110元，实现总产值5 598万元，累计增收410万元。覆盖养殖户2 800余户，平均每户增收1 400元。

项目累计生产优质山羊绒92 654kg，实现总产值3 706万元，每千克平均提高100元，累计增收926万元，覆盖养殖户1 000余户，促进每户年增收900元左右。

（二）社会效益

本项目在饲养管理中项目组针对绒山羊养殖今后逐步实现环境保护、预防草原三化的可持续发展要求，实行半舍饲饲养管理方式。根据绒山羊大多生长在风沙大，草刺多等综合养殖环境较为恶劣的地区，提出绒山羊穿衣使用和管理技术；根据养殖区当地饲草饲料在营养上的不足，适当进行补饲；并配套相关饲养管理技术标准。为大范围加强疆内优质山羊绒的生产规模，在生产经营上体现以市场需求为目标，以养殖户为主体地位的发展基础，项目组提出在全疆建立绒山羊发展协会和山羊绒物流收储平台，来连接生产和市场，形成山羊绒产业完善的价值链。

协助绒山羊养殖基地建立了绒山羊生产区疫病综合防控体系。春秋两季累计完成绒山羊口蹄疫疫苗注射22万只；本团队协助和丰县、昌吉市、阿克苏市、温宿县、清河县畜牧局建立完善了绒山羊疫病防治方案。完善了羊群主要疫病的防、检、驱程序，加强了饲草料及饮水卫生质量的监控，推广了羊舍环境的净化和疾病的防治等技术；协助示范基地周边县、乡、村三级进一步健全和完善了突发重大动物疫情应急预案，建立和健全了突发疫情应急机制，落实了人员、经费和设备，有效保障了绒山羊健康养殖生产。

（三）生态效益

项目组针对绒山羊养殖今后逐步实现环境保护、预防草原三化的可持续发展要求，实行半舍饲饲养管理方式。根据绒山羊大多生长在风沙大，草刺多等综合养殖环境较为恶劣的地区，提出绒山羊穿衣使用和管理技术；根据养殖区当地饲草饲料在营养上的不足，适当进行补饲，并配套相关饲养管理技术标准。项目组提出以山羊绒产品生产全过程中的技术标准体系为支撑，通过技术手段实现山羊绒增产增效，通过管理模式的推广应用，实行了优绒优价的市场机制，提高了产品的附加值，减少了放牧要求。另外通过昌吉市雪羚养殖区，探索新疆北疆农区绒山羊养殖模式；通过和丰绒山羊基地，探索新疆北疆牧区纯放牧条件下绒山羊养殖模式；通过青河县绒山羊基地，探索半农半牧绒山羊养殖模式；通过和静实验点，探索小户移动式养殖模式。制定了技术流程管理体系，新疆塔城地区、昌吉地区山羊种羊场管理标准化水平得到大幅提升，针对不同群体和养殖环境进行了优化升级，大大减轻了新疆地区荒漠草场的放牧压力。